花椒
优质丰产配套技术

杨途熙　魏安智　编著

U0256267

中国农业出版社

图书在版编目（CIP）数据

花椒优质丰产配套技术/杨途熙，魏安智编著 . —
北京：中国农业出版社，2018.11（2019.4重印）
ISBN 978-7-109-24240-1

Ⅰ.①花… Ⅱ.①杨…②魏… Ⅲ.①花椒－高产栽
培 Ⅳ.①S573

中国版本图书馆 CIP 数据核字（2018）第 129729 号

中国农业出版社出版
（北京市朝阳区麦子店街 18 号楼）
（邮政编码 100125）
责任编辑　贺志清

———————————

中国农业出版社印刷厂印刷　　新华书店北京发行所发行
2018 年 11 月第 1 版　　2019 年 4 月北京第 2 次印刷

开本：880mm×1230mm 1/32　印张：3.75
字数：98 千字
定价：23.00 元
（凡本版图书出现印刷、装订错误，请向出版社发行部调换）

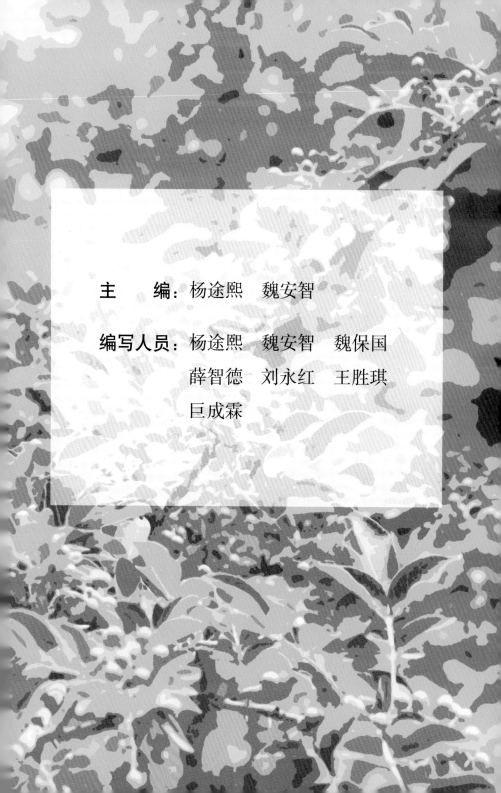

主　　编：杨途熙　魏安智

编写人员：杨途熙　魏安智　魏保国

　　　　　薛智德　刘永红　王胜琪

　　　　　巨成霖

前言

花椒为我国传统的调味品、中药材。花椒因果皮中富含川椒素、酰胺、植物甾醇等，具有浓郁的麻香味，不但能去除食物腥气、使菜肴美味，而且能消毒杀菌，是人们喜食的上等调味品。中医认为，花椒具有温中散寒、除湿、止痛、杀虫、解鱼腥毒等功效，多用于驱风、健胃，治疗积食停饮、心腹冷痛、痰水咳嗽、气逆、吐泻、水肿等症。

花椒树侧根发达，喜光、耐旱、耐瘠薄，固土能力强，适应范围广，是一种很好的水土保持树种。近年来，随着我国餐饮业的蓬勃发展，花椒深加工领域的拓展，以及在"一带一路"带动下我国餐饮业在国际间交流的加深，市场对花椒的需求快速增加，花椒价格不断攀升，群众对栽植花椒的积极性高涨，国内花椒种植面积不断扩大。在此大背景下，迫切需要科学实用、配套高效的生产技术作指导。为此，根据多年从事花椒科研、生产的经验，结合当前国内外新发展、新技术、新成果，在归纳、总结的基础上，编写了《花椒优质丰产配套技术》一书。

本书共分五大部分。第一部分我国花椒的生产现状；第二部分花椒主要类型及品种选择；第三部分花椒优质良

种苗木繁育技术；第四部分花椒建园与丰产管理技术；第五部分花椒的采收、干制与包装。本书内容丰富，图文并茂，科学、实用，是一部针对生产第一线农民朋友使用的花椒生产性书籍，期望农民朋友能从中得到有益的帮助，走向一条致富之路。

编写过程中引用了一些科普资料及散见于国内外期刊上的大量文献，在此谨向原作者表示感谢。由于水平所限，疏漏和不当之处在所难免，敬请专家及读者批评指正。

编　者

2018 年 3 月

目录

一、我国花椒的生产现状

（一）花椒的分布与经济价值

花椒（*Zanthoxylum bungeanum* Maxim.）为芸香科花椒属植物，原产于中国，日本、韩国、朝鲜、印度、马来西亚、尼泊尔、菲律宾等国家先后进行了花椒的引种栽培。中国是世界上花椒栽培面积和生产量最大的国家。中国花椒在先秦时期以陕西西南部、河南东南部及山西南部为主要产区。魏汉以前中国花椒主要野生于西部山区，到两晋时期，以栽培为主的经营方式才得以逐渐兴起，使得分布范围向西扩展。明朝时期，花椒栽植已成民俗，特别是在内销兴盛、外销增加的拉动下，花椒栽植范围进一步扩大，遍及中国南北多数省份，甚至青藏高原也有了花椒的种植。目前，花椒在中国分布广泛，除东北、内蒙古等少数地区外，黄河和长江中上游的20多个省份均有栽培，但以西北、华北、西南分布较多，其中太行山、沂蒙山区、陕北高原南缘、秦巴山区、甘肃南部、川西高原东部及云贵高原为主产区，集中产于河北的涉县，山东的莱芜，山西的芮城，陕西的凤县、韩城，四川的汉源、西昌、冕宁、汶川、金川、平武，重庆的江津，河南的林县，甘肃的武都、周曲、秦安，贵州的水城、关岭等县（市）。花椒的垂直分布，从南到北根据地理纬度的不同而不同，范围在海拔 200～2 600 米之间。

花椒果皮因富含川椒素、植物甾醇等成分而具有非常浓郁的麻香味，是人们喜食的上等调味品和现代副食加工业的主要佐料。花椒不但能去除腥气，使菜肴味浓鲜美，还能消毒杀菌，是腌渍各种

1

酱菜、腊肉、香肠不可缺少的配料。在我国无论是南菜还是北菜，都离不开花椒作调料，尤其是喜食麻辣味的四川人，更是离不开花椒。炒菜、炖肉放点花椒可以提味，作羊肉饺子、清炖鱼放点花椒可以去腥味，煮五香豆腐干、茶鸡蛋用些花椒味道会更美。花椒在各种调味品中占有非常重要的位置。花椒自古以来就是一味很好的中药材。花椒果皮入药，称"椒红"，多用做驱风、健胃药，有温中、止痛、驱虫之效。种子入药，称"椒目"，能行水下气，主治水肿、痰水咳嗽。明代著名药物学家李时珍在《本草纲目》中记载："花椒散寒除湿、解郁结、消宿食、通三焦、温脾胃、补右肾命门、杀蛔虫、止泄泻"；"花椒……坚齿、发、明目。久服，好颜色，耐老，增年键神……入右肾补火、治阳衰"；"久服头不白、轻身增年"。《本草经》说："秦椒味辛温，主风邪气，温中除寒痹、坚齿发、明目、久服轻身、好颜色、耐老增年、通神"。中医认为，花椒性味辛热，有温肾暖脾、逐寒燥湿、补火助阳、杀虫止痒等功效。虫类入耳，取花椒用油浸之，滴油入耳，虫即自出。在中医中，花椒是治疗积食停饮、心腹冷痛、吐泻、咳嗽、气逆等症的常用中药。云南白族人常把核桃仁放在杯中，放一层蜂蜜，冲入开水，蜂蜜化后，再放入4～5粒花椒，搅拌几下当茶饮，既有营养又止咳润肺，长期饮用可治疗慢性支气管炎和肺结核。现代研究发现，花椒中含丰富的铁、铜、锌、锰等人体必需的矿质元素及维生素（表1-1）。花椒对许多细菌有明显的抑制作用。在油炸馓子等食品中放入适量花椒浸液，不但可口味美，而且可以延长存放时间。在食用醋中放入若干粒花椒或将其加水煮沸滴入醋中可使醋不变质，尤其在夏季可延长存放时间。用适量花椒放入存粮袋（仓）的底层或中层，可防止虫类蛀食。花椒种子含油率达25％～30％，高于大豆（20％～22％）、棉籽（17％～27％）的含油量，出油率达22％～25％。花椒油中富含棕榈酸、棕榈油酸、软脂酸、硬脂酸、油酸、亚油酸、亚麻酸、十七碳烯酸等，是高级食用油。同时，花椒油的皂化值（191～198）较高，是制作肥皂、涂料、油漆、润滑剂、洗涤剂、皮革厂制革剂的好原料。另外，花椒果实、叶中富含芳香油,其中果实中含芳香油达 4%～9%。芳香油是食品工业必不可少的高级香料,也用于配制化妆香精和皂用香精。如从花椒果实、叶提取的芳香油中可分离出 20 种化合物,其中含量最多的是一萜烯类物质,被广泛用于香精。花椒叶芳香油中含量较高的香叶烯是重要的玫瑰型香料,被广泛用于配制化妆香精和皂用香精。

表 1-1　花椒主要矿质元素及维生素含量（毫克/千克）

元素	Fe	Cu	Zn	Mn	I	维生素 C	维生素 E	胡萝卜素
含量	130.3	8.0	9.6	52.7	0.045	255.0	1 036.0	8.2

注:引自屠玉麟,《顶坛花椒营养成分及微量元素测试研究》,贵州师范大学学报,2000,18 (4)。

(二) 花椒的栽培历史

花椒古称椒、椒聊、大椒等。我国劳动人民早在公元前 11—前 10 世纪的周代就开始了对花椒的利用。最早有关花椒的文献见于《诗经·陈风·东门之枌》:"谷旦于逝,越以酸迈。视尔如荍,贻我握椒。"讽刺那带着饭锅远行的女巫,竟不务以椒供神之业,而将花椒赠送人。在《周颂》、《唐风》、《陈风》中有"椒聊之实,繁衍盈升"、"有椒其馨"、"贻我握椒"的描述。在战国时期,大诗人屈原的《离骚》中有"巫咸将夕将兮,怀椒糈而要之。"意指:巫咸神将于今晚降临,我准备花椒饭供他。《九歌·东皇太一》有"奠桂酒兮椒浆",《九歌·湘夫人》有"播芳椒兮盛堂"等赋椒之辞,表明楚人已有饮椒酒之风。汉代后妃大修椒房,将所住之宫殿,用椒和泥涂壁,取其温暖有香气、兼有"多子多福"之意。《汉官仪》载:"皇后以椒涂壁称椒房,取其温也。"宋代范成大的《癸已无日》云:"西地东风劝椒酒,山头今日是春台"。明代宗林《花椒》云:"欣欣笑口向西风,喷出玄珠颗颗同;采处倒含秋露白,晒时娇映夕阳红。调浆美著骚经上,涂壁香凝汉宫中;鼎铼也

应加此味，莫教姜桂独成功。"

花椒作为栽培的经济树种，最迟当不晚于两晋之际。至南北朝之后，花椒的种植已十分兴盛，栽培技术也趋于完善，北魏贾思勰《齐民要术·种椒第四十三》、宋朝苏颂《图经本草》、元朝孟棋畅《农桑辑要》、明朝王象晋《群芳谱·椒》、李时珍《本草纲目》、邝璠《便民图纂》、清代张泉法《三农记》等书中都有花椒栽培的记述。特别是西汉人的《范子计然》一书详细记载了我国古代劳动人民关于花椒繁衍育苗、栽培、采收、贮藏等方面的栽培经验和技术。如在《范子计然》上有一段按语："现在青州有蜀椒椒种：原来有一个裔人，屯积花椒做生意，看见花椒中黑色种实，就转念要种它。一共（凡）种子几千颗，只生出一株幼苗，几年后这株幼苗也结了果实。果实芬芳，香味、形状、颜色都和蜀椒没有大差别，只有气势稍差一些。以后分布栽种移植，渐渐遍满了青州一州"。这条按语说明了花椒在我国繁衍栽植发展的过程。关于栽培花椒的经验和技术，《齐民要术》中写道："……熟时收取黑子。四月初，畦种子。方三寸一子，筛土覆之，令厚寸许，复筛熟粪以盖土上。旱辄浇之，常令润泽。生高数寸，夏连雨时可移之。若移大栽者，二月三月中移之。此物性不耐寒：阳中之树，冬须草裹，不裹即死。"这些经验，至今仍被一些花椒产区的椒农所采用。到了明代，李时珍在《本草纲目》中写道："秦椒，花椒也。始产于秦，今处处可种，最易番衍。"邝璠《便民图纂》中更有了花椒栽植季节和方法的详细记载。我国劳动人民不仅在很早以前有丰富植椒经验，而且对花椒属的种类也已经有所认识。陆玑《诗正花》中记述："今成打枭诸山，有竹叶椒。东海诸岛上，亦有椒，枝叶皆相似，子长而不圆，味似橘皮，今南北所生一种椒，其实大于蜀椒。当以实（即果实）大者为秦椒，即花椒也。崖椒：俗名'野椒'。蔓椒：蔓生，气臭如狗毚。地椒：出北地。"明、清时期，由于交通的发展，花椒销售日益兴盛，促进花椒种植有了进一步的发展，逐步奠定了我国花椒栽培的现代格局。

（三）花椒的国内外生产现状

1. 我国花椒的栽培现状 中国花椒栽培面积、产量居世界第一。特别是近年来，随着农业产业结构的调整，各地花椒产业均有了较大的发展，全国花椒栽培总面积已达 2 500 多万亩①，年产干椒约 35 万吨，产值 300 多亿元。形成了以陕西韩城、凤县，甘肃武都、秦安、舟曲，四川汉源、茂县、西昌、冕宁，贵州水城、关岭，河北涉县，重庆江津，山西芮城等地为主的约 20 个主产区（表 1-2）。其中栽培规模和产值较大的有陕西韩城、陕西凤县、甘肃武都、甘肃秦安、四川汉源、四川茂县等。

表 1-2　我国花椒主产区及主栽品种

产　地	品　种	产　地	品　种
陕西韩城及周边	韩城大红袍等	陕西凤县	凤椒（凤县大红袍）
四川汉源、茂县、冕宁	正路花椒、富林椒、大红袍	重庆江津	九叶青花椒
甘肃武都、周曲	五月椒（大红）、六月椒（二红）	甘肃秦安	秦安 1 号、大红袍
河南林县	大红袍	河北涉县	黄沙椒、小红椒
山西芮城	大红袍	贵州水城、关岭	大红袍
山东莱芜	椒子、大红袍、小红椒、大花椒、青皮椒	四川茂县、西昌、汶川、金川	小路椒、金阳椒、青椒、清溪花椒（贡椒）、高足椒、转红椒、娃娃椒

陕西是我国花椒重要产区，从南到北、从东到西都有花椒栽培。20 世纪 80 年代初期以前陕西花椒规模较小，发展速度较慢。改革开放后，在市场经济的驱动下，陕西花椒走上了快速发展的道

---

① 亩为非法定计量单位，1 亩＝1/15 公顷≈667 米²。——编者注

路。目前，陕西花椒种植面积约 246 万亩，年产干花椒 7 万吨。陕西花椒主产于韩城、凤县、富平、宜川等县（市）。韩城位于陕西省东部、关中平原东北的黄河西岸。花椒在韩城已有 600 多年的栽培历史，清朝康熙年间就有韩城花椒的记载。韩城大红袍花椒以粒大、皮厚、色鲜、味浓而驰名。2000 年韩城被国家林业局命名为"中国名优特经济林花椒之乡"，2004 年韩城"大红袍"花椒获国家"花椒原产地域产品保护"。韩城有花椒约 67 万亩，年产约 2 万吨，为我国著名的花椒产地；另外，产于陕西凤县山区的"凤椒"，因果实基部具"双耳"、油腺发达、麻味浓郁悠久、口味清香等，早在明清时期就已闻名全国。清光绪十八年的《凤县志》中就有"全红花椒肉厚有双耳，殊胜他地"，道出了凤县花椒形态及风味特征。2004 年以来，"凤椒"相继获得国家原产地域保护、国家"有机食品认证"、"绿色食品认证"、"陕西名牌产品"称号，凤县荣获了"中国花椒之乡"的命名。凤县花椒栽培面积有 30 多万亩，年产花椒 4 000 吨，成为农民增收的主要来源。

四川花椒栽培历史悠久、全国知名。汉源县位于大渡河中游，地处川西南山地亚热带气候区。汉源花椒色泽丹红，粒大油重，芳香浓郁，醇麻爽口，唐代曾被列为贡品，亦称"贡椒"。2001 年，汉源县被国家林业部命名为"中国花椒之乡"。汉源花椒 2005 年被国家质量监督检验检疫总局授予"汉源贡椒原产地域产品保护地"，2008 年被四川省农工办等部门评选为"2007 年四川省十佳地理标志农产品"。目前汉源花椒种植面积有 6 万多亩，年产花椒 72 吨；茂县地处岷江干旱河谷地带，茂县花椒以色鲜味麻、芳香浓郁而闻名，深受消费者喜爱。2010 年经国家质检总局审定，决定对"茂县花椒"实施地理标志产品保护。目前茂县花椒总面积 10 万亩，年总产量 500 吨。

甘肃花椒主要分布在陇南、临夏、天水、平凉、庆阳、定西以及甘南的舟曲等地，共有 33 个花椒栽培县（区），花椒总面积 367 万亩，年产量 3.7 万吨。其中，武都花椒种植面积 90 万亩，年产花椒 1.7 万吨。秦安花椒种植面积达 22 万亩，年产花椒 8 400 吨。

除上述重点地区外，我国云南、西藏、青海等地也有花椒生产。其中，云南花椒主产于昭通、丽江、楚雄、保山、大理、曲靖等地，总面积约 28 万亩，年产量约 7 600 吨。西藏花椒主产于西藏东部至东南部的朗县、加查县，面积约 1 万亩，年产花椒约 3 000 吨。青海花椒有 500 年的栽培历史，主产于循化、贵德两县，以粒大、色红、麻香味浓而著称，总面积约 0.52 万亩，年产花椒约 250 吨。

2. **国外花椒生产现状**　　花椒虽然原产于中国，但在日本、韩国、朝鲜、印度、马来西亚、尼泊尔、菲律宾等国家先后进行了花椒的引种栽培。其中以日本、韩国研究较为深入，应用比较广泛。花椒在日本是主要的经济树种之一，主要分布在和歌山县、奈良县、岐阜县、兵库县，主要栽培品种有"朝仓花椒"、"葡萄山椒"、"琉锦花椒"、"冬花椒"、"稻花椒"等，其中"朝仓花椒"具有高产、优质、精油含量高、无刺等特点，栽培面积最大。其产品形式包括鲜果和干果两种，且鲜果占有相当的市场份额。日本在花椒的育种、栽培、药用开发等方面都有研究。在育种方面，日本早在 20 世纪 60 年代，就从我国收集了大量的珍贵花椒种质资源，建立了种质资源库，并通过芽变育种，选育出了果大、精油含量高（0.106 毫升/克）的高效生药品系"葡萄山椒"等新品种。并以朝仓花椒为材料，通过茎尖继代培养，研究出了把茎尖培养和人工选育相结合选育富含芳香物花椒品系的有效方法。在花椒栽培方面，日本研究出了以抗逆性强、根系深广的稻花椒和冬花椒为砧木，采用劈接法进行嫁接的花椒嫁接技术，并已成为日本花椒繁殖的主要方式。日本更注重把花椒作为一种药用植物来进行开发研究。日本医药株式会社、各医药教学与科研机构都投入大量精力进行花椒化学成分的研究，通过对花椒果皮中精油、辛香物等成分的测定，提取分离出了山椒素等成分。日本还利用花椒研制生产了药用的杀菌、治疗创伤的药剂，研制开发了用于食品及化妆品生产的植物源香精和香料等，这些产品长期返销我国。在韩国，花椒一直作为食用和药用植物。韩国林业遗传研究所一直致力于具有多果穗、大果粒、无刺的花椒优良品系研究，并选育出了 13 个优树，建立了优树无性系测定林，初选出了 4 个经济性状优良的无刺花椒无性系。除日本、韩国外，印度也建立了专门的花椒研究机构，培育出了多个花椒新品种，这些新品种都申请获得了专利保护。

在日本和韩国，虽然花椒的鲜果和干果是传统的产品形式，但对花椒药用成分的研发利用也较多，且成为了花椒深加工研究的主要方向。大致可归纳为：抗菌消炎及抗癌药物的研制、精油的利用、驱虫及杀虫剂的研究、种籽油的利用、生物碱的开发等。

（四）花椒产业的市场需求与发展趋势

1. 花椒产业的市场需求　　花椒是我国传统的出口商品，我国花椒早在明朝时就已远销朝鲜、日本及东南亚国家。抗战前中国每年外销花椒约 100 万千克，其中绝大部分为河南涉县和林县的产品。中华人民共和国成立后，花椒产量虽然较抗战前成倍的增长，但因国内需求量大，故一直指定由中央控制出口，每年约出口花椒 20 万千克左右，销往日本、泰国、新加坡、马来西亚等东南亚国家以及一些信仰伊斯兰教的阿拉伯国家。改革开放以来，随着开放政策的不断深化，出口政策的放宽，为各地利用花椒产量大、质量高的优势扩大出口、换取较多的外汇创造了更多的机会。据统计，仅东南亚和日本每年家庭消费需从中国进口花椒在 1 400 万千克以上。我国人口众多，市场庞大，随着人们生活水平的提高，花椒油、花椒粉、快餐面作料的消耗量日渐增加，加之近年来国内火锅店、麻辣川菜的兴盛，拉动国内市场对花椒的需求快速增长，花椒供需缺口迅速加大，目前的花椒产量远远不能满足消费者的消费需求。由于花椒供不应求，国内花椒的价格长期以来保持着稳中有升的态势。20 世纪 80 年代，花椒价格基本保持在 13 元/千克左右；到 90 年代，逐渐涨至 15～18 元/千克；进入 21 世纪的 2000—2001 年，花椒价格涨至 20 元/千克左右，2010—2017 年，花椒价格由 70 元/千克左右涨至 130 元/千克左右。今后花椒供不应求的态势还将继续保持，花椒价格仍将处于稳中有升的状态，市场对优质花椒及精深加工产品的需求会更加迫切，花椒产业发展前景广阔。

2. 我国花椒产业的发展趋势　随着经济的发展和消费水平的提高，人们越来越注重身体健康和环境质量。果品安全在食品安全中占有十分重要的地位。因此，生产无污染和优质化的无公害花椒产品成为未来花椒产业发展的方向。我国生物农药应用相对较少，几乎90%以上都是化学农药。目前80%以上的花椒因病虫防治仍主要依赖于化学防治。应改变椒农传统的用药习惯，禁用有机磷、有机氯等高毒、高残留农药（表1-3）。此外，由于污水灌溉、工业"三废"排放等问题，也会导致土壤重金属含量增加，加重了对花椒产地和产品的污染。另外由于我国花椒栽培技术相对落后，农药使用的种类较多，使用的剂量、时间、次数不当，势必对花椒产地环境和果品质量安全构成较大的威胁。目前，虽然有关花椒中农药残留和重金属污染的专门报道较少，但是从长远发展来看，提高花椒安全生产技术水平势在必行。

表1-3　我国禁用的农药

项目	化学农药
国家明令禁止使用的农药	六六六、滴滴涕、毒杀芬、二溴氯丙烷、杀虫脒、二溴乙烷、除草醚、艾氏剂、狄氏剂、汞制剂、砷铅类无机制剂、敌枯双、氟乙酰胺、甘氟、毒鼠强、氟乙酸钠、毒鼠硅
禁止在果树上使用的农药	甲胺磷、甲基对硫磷、对硫磷、久效磷、磷胺、甲拌磷、甲基异柳磷、特丁硫磷、甲基硫环磷、治螟磷、内吸磷、百克威、涕灭威、灭线磷、硫环磷、蝇毒磷、地虫硫磷、氯唑磷、苯线磷

注：摘自中华人民共和国农业部2002年第199号公报。

二、花椒主要类型及品种选择

（一）花椒主要类型

全世界花椒属植物约有 250 种，其中原产于我国的约有 45 种。但目前仅发现花椒及花椒原变种、野花椒、川陕花椒、竹叶花椒、青花椒 5 个种的果皮具有食用、药用价值，我们通常所说的花椒也就指这一类。

1. **野花椒** 是产椒皮的主要种类之一，用途同花椒，但品味稍差。主要分布于长江以南及华北山地灌木丛中，多为野生，少见栽培。野花椒枝具皮刺及白色皮孔。小叶常 5～9 片，卵状圆形或卵状矩圆形，柄极短，近于无柄，边缘具细钝齿。花期 3～5 月，果期 6～8 月（图 2-1）。

2. **秦椒** 又叫凤椒、蜀椒，简称椒树，是我国栽培广泛、且经济价值最高的种类，几乎遍及全国各地。秦椒枝具皮刺，皮刺基部多宽扁。小叶常 6～9 片，卵形、卵状矩圆形至卵圆形，边缘有细钝齿。花序顶生。果实蓇葖果，球形，表面密生疣状腺点，成熟后浅红色至紫红色。花期 4～5 月，果期 6～10 月（图 2-1）。

3. **川陕花椒** 又叫大金花椒。高 1～3 米，灌木或小乔木，节短，多刺，各部无毛，小叶常 7～17 片，倒卵形或斜卵形，两侧不对称，上半部边缘有细钝齿。花序腋生或顶生。枝具皮刺，皮刺直伸，基部增大。蓇葖期 4～5 月，果期 6～8 月。果皮可提取芳香油，种子也可榨油。分布于甘肃、陕西两省的南部以及四川的北部（图 2-2）。

野花椒

秦椒

图 2-1 野花椒与秦椒

4. 青花椒 简称青椒，又叫崖椒、野椒、香椒子，用途同花椒。分布于黄河南北多数省份。青花椒枝具针状皮刺。小叶 11～21 片，披针形或椭圆状披针形。花序宽大顶生。蓇葖果先端具短喙尖，表面腺点不甚突起，成熟后灰绿色至棕绿色，很少有紫红色，花期 6～8 月，果期 9～11 月（图 2-2）。

川陕花椒

青花椒

图 2-2 川陕花椒与青花椒

5. 竹叶花椒 简称竹叶椒。用途与花椒相同，果皮麻味较浓、香味较差。分布于华南、华中及西南地区。竹叶花椒常绿或半常绿，枝具皮刺，皮刺基部扁平、尖端略弯曲。小叶披针形至卵状长圆形，3～5片，小叶边缘具稀疏浅锯齿或全缘。腋生花序，蓇葖果表面具明显的疣状腺点，果粒小，成熟后呈红色至紫红色。花期4～6月，果期7～9月（图2-3）。

图 2-3　竹叶花椒

（二）花椒的主要栽培品种

我国花椒分布广泛、栽培历史悠久，长期以来经过人工和自然选择，形成了许多良种。

1. 凤县大红袍　又名凤椒。树势强健，分枝夹角小。一般树高 3～5 米，新生枝条的皮及皮刺呈棕红色，刺宽大，刺较密。多年生枝棕褐色，具白色、大而稀的皮孔。叶片深绿色、较厚，叶面凹凸不平，叶缘呈锯齿状，不平整。果粒大，形具"双耳"。成熟的果实艳红色，易开裂。果肉厚，一般 2～2.5 千克鲜果可晒制500 克干椒皮。果面油腺发达，麻香味浓郁。果实 7 月中下旬成熟，品质上乘。果皮挥发油中 α-蒎烯成分显著高于韩城大红袍，且含有韩城大红袍所不具有的 β-水芹烯、内型冰片乙酸酯、3-甲基-6-（1-甲基乙基）-2-环己烯-1-醇等成分，药用价值高于韩城大红袍花椒。该品种丰产性强，喜肥抗旱，但不耐水湿、不耐寒，适宜在海拔 300～1 800 米的干旱山区和丘陵区的梯田、台地、坡地和沟谷阶地上栽培（图 2-4）。

图 2-4　凤县大红袍植株与果实

2. 韩城大红袍　落叶灌木或小乔木，树势强健，一般高在 2～3 米。树体黑棕色，瘤状刺，刺大而稀。奇数羽状复叶，互生，小叶 7～11 片。枝呈灰黑色、较硬。果穗紧凑，果实深红色而粒大，果皮厚而麻味较浓，果实 8 月中下旬成熟。喜温、耐旱、抗病性强，宜在年降水量 600 毫米左右、海拔 1 000 米以下低山丘陵区栽植（图 2-5）。

3. 武都大红袍　株高 3～7 米，茎干通常有增大皮刺；枝灰色或褐灰色，有细小的皮孔及略斜向上生的皮刺；当年生小枝被短柔毛，枝较粗壮。花期 3～5 月，果期 7～9 月。喜光，适宜温暖湿润及土层深厚肥沃的壤土、砂壤土，萌蘖性强，耐寒，耐旱，抗病能力强，隐芽寿命长，耐强修剪（图 2-6）。

4. 茂县大红袍　是"西路花椒"代表品种，7 月中旬至 8 月底果实成熟，栽培于海拔 1 300～2 650 米，土壤类型为褐土、棕壤，土质为砂壤土，土壤 pH 值 6～8，土壤有机质含量≥1.5%。其果实以油重

图 2-5　韩城大红袍植株与果实

图 2-6　武都大红袍植株与果实

粒大、色泽红亮、芳香浓郁而著称，在市场上享有较高声誉。(图 2-7)。

　　5. 汉源花椒　俗称清椒、川椒、小叶花椒、小刺花椒、贡椒。

图 2-7　茂县大红袍花椒植株与果实

产于四川汉原亚热带气候区。株高 2 米左右，全树多皮刺。此品种结果早，丰产性强，一般 2～3 年开始开花结实，5～7 年进入盛果期。其基本特征是果实椒粒上并生 1～2 粒未受精发育的小红椒，故亦称为娃娃椒或字母椒。果实 8 月上中旬成熟，果实粒大色丹红，芳香麻味足，居花椒之冠。在栽培中改为嫁接，则适应性更强而变异更小，还能提高产量、品质。它是正路花椒品种的实生变异品种，两者区别仅是附生小椒粒的有无。

品种特点：种性稳定，早熟、丰产性好、抗逆性强、适应性广。果大、肉厚，芳香味浓郁，品质上乘，为古时作为皇宫帝王及朝廷的佳肴调料，故亦称"贡椒"（图 2-8）。

6. 枸椒　也叫臭椒、野椒、高椒黄。树势强壮，树姿直立，枝条开张角度小。盛果期树高 3～5 米，一年生枝褐绿色，皮刺大，基座大。多年生枝干灰褐色，枝干上的皮刺脱落成瘤状。叶片小而窄，叶浓绿色，蜡质层厚、质脆，叶正面光滑，叶面腺点不明显，鲜叶、鲜果均有浓浓的异味，麻而不香，故群众又称为臭椒。晒后异味减退，品质较差。果枝粗短、尖削度大。果柄长4.9 毫米，鲜果千粒重 87.0 克，出皮率 24.6%，干果皮千粒重 21.4 克。9 月上中旬成熟，成熟晚，成熟的果实红色偏黄，晒干

植株

多年生枝

果枝与果实

图 2-8 汉源花椒植株与果实

后暗红色。成熟后果皮不开裂，直到 10 月上中旬果实也不脱落，故采收期长。一般 4～5 千克鲜椒可晒 1 千克干椒皮。河北、山东、山西、河南有少量栽培。

该品种特点是：寿命长，发芽迟，成熟晚，抗流胶病，避春寒冻害能力强，单株产量高，较丰产。但喜高肥水，不耐瘠薄。在瘠薄的土壤上树体寿命短，易形成"小老树"（图2-9）。

植株   多年生枝

结果枝

图2-9 枸椒植株与果实

7. 大红椒 又叫油椒、二性子、大花椒、二红袍等。树势中庸，分枝角度大，树姿开张。一般树高2.5～4.5米，在自然条件下呈多主枝半圆形或多主枝自然开心形。多年生枝干灰褐色，一年生枝褐绿色。皮刺基部宽扁、尖端短钝。随着枝龄的增加，皮刺常从基部脱落。叶片较宽大，呈卵状矩圆形。叶面蜡质层较薄，叶色较大红袍浅，腺点明显。结果枝微下垂，果柄较长、较粗，每穗结实20～50粒。果粒中等大小，果实纵横径5.6毫米×5.0毫米。果面疣状腺点多而明显。8月中下旬果实成熟，为中熟品种。果实成熟后鲜红色，果皮厚，干果皮呈酱红色，麻香味浓郁，品质上乘。鲜果千粒重70克左右，一般3.5～4.0千克鲜椒可晒1千克干椒皮。该品种喜肥水，在土壤肥沃的立地条件上生长的树体高大、稳产性好，最高株产鲜椒可达60千克。在肥水条件差的立地条件下也能正常生长和结实。各主要产区都有栽培，但以四川汉源、泸定、西昌、乐山、宜宾、内江及重庆等地栽培较多。

品种特点：抗逆性强，丰产、稳产性好，麻香味浓，品质上乘（图2-10）。

8. 秦安1号 大红袍花椒的自然变异品种，也叫大狮子头。主要分布于甘肃秦安一带。树势旺盛，树形直立，萌芽力强，成枝力较弱。叶片大，正面有一突出而较大的刺，叶背面有不规则小

幼树

结果枝

图 2-10 大红椒

刺，树体上的皮刺大。果实 8 月下旬至 9 月上旬成熟，果穗大而紧凑，果柄极短，平均穗粒数在 120 粒以上。果实颗粒大，鲜果千粒重 88 克左右，成熟时鲜红色，晒干后椒皮浓红色，色泽鲜艳，麻香味浓，品质上乘。

品种特点：喜水肥，耐瘠薄，具有较强的抗冻能力，品质好（图 2-11）。

9. 九叶青 江津市科技人员培育的青花椒优良品种。因叶柄上有 9 片小叶而得名。半常绿至常绿灌木或小乔木，高 3～7 米，树皮黑棕色或绿色，上有许多瘤状突起。奇数羽状复叶，互生。小叶 7～11 枚，卵状长椭圆形，叶缘具细锯齿，齿缝有透明的油点，叶柄两侧具皮刺，叶片厚而浓绿。一年生枝紫色，二年生枝褐色，皮刺橙红色至褐色。在重庆江津，一般 2 月上中旬萌芽，2 月下旬至 3 月初盛花，3 月上中旬花谢。聚伞状圆锥花序顶生，单性或杂性同株。果实为蓇葖果，果皮有疣状突起。6 月下旬至 7 月初果皮成熟，成熟时绿色。8 月下旬至 9 月初种子成熟，每果含种子 1～2 粒。种子圆形或半圆形，黑色有光泽。11 月下旬进入休眠期。一般栽后 1～2 年可开花结果，3～4 年进入丰产期，丰产期持续 15 年以上。

幼树　　　　　　　　　　　　结果枝

图 2-11　秦安 1 号植株与果实

该品种喜温，果实清香，而且麻味醇正，对土壤适应性广，耐贫瘠。在年降水量 600 毫米地区生长良好，树势强健，生长快，结果早，产量高，一年生苗可达 1.2 米，若成苗定植，第二年即开花结果，株产鲜椒 1 千克，第三年单株可产鲜椒 3～5 千克（图 2-12）。

图 2-12　九叶青花椒

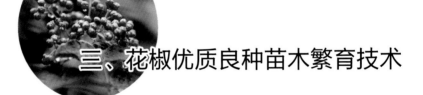

三、花椒优质良种苗木繁育技术

优良的品种和优质的种子是培育壮苗的关键，也是花椒定植建园、优质丰产的重要物质基础。种子选择与处理的好坏，不仅关系到育苗成败，也关系到花椒栽植后的生长发育、产量形成、产品质量。花椒苗木的繁殖可采用有性繁殖和无性繁殖（图3-1）。

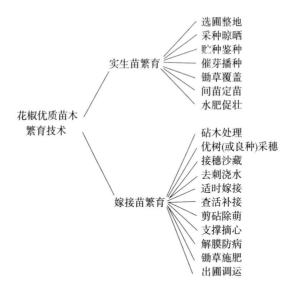

图 3-1　花椒优质种苗繁育技术

（一）实生繁育

实生繁育是指利用种子播种的方法进行的繁殖，也叫种子繁殖。实生繁育是目前花椒生产上常用的繁殖方法，这种方法简单易行，群众易掌握，培育苗木时间短，苗木根系发达，生长健壮，寿命长，适应性强。但采用这种方法培育的苗木单株变异较大，不易保持品种优良特性。

1. 选圃整地

（1）圃地选择　育苗地条件的好坏，影响着苗木产量和质量。育苗地选择不当，会给生产带来难以弥补的损失。因此，为了保证单位面积苗木产出的数量多、苗木质量好，应对苗圃地的环境条件进行认真选择，以免给生产造成时间延误和难以弥补的经济损失。正确选择苗圃地应考虑如下几方面的因素：

①位置选择：育苗地最好靠近水源，便于灌溉和管理。其次，苗圃地应建在交通方便的地方，以便于苗木的运输；另外，要尽量靠近建园地，就近育苗，便于栽植，这样可减少运输的麻烦，降低建园成本，并避免苗木因运输造成机械损伤和根系失水，提高栽植成活率。

②地形选择：应尽量选择在排水良好、便于灌溉的平地或坡度≤5°、背风向阳的缓坡地。平地地下水位应不高于1.5米，坡地应背风、向阳。严禁在山顶、风口、低洼及陡坡地育苗。

③土壤选择：土壤是种子萌芽、苗木生长发育的场所，土壤的水分、养分、孔隙度、酸碱度等性状，对花椒种子的萌发、幼苗生长和成苗质量至关重要，对根系的生长影响尤其较大。因此，花椒育苗应选择肥沃、疏松、土层深厚的砂质土壤、壤土或轻壤土，土壤pH值应在7～8，酸碱度呈中性或微碱性。要尽量避免在纯沙土、黏土上育苗。育苗时还要精耕细作，合理施肥，以提高土壤肥力，改善土壤的温度、湿度和通气状况，为种子发芽和苗木生长创造良好的条件。

（2）整地　整地有利于恢复土壤团粒结构，保持土壤疏松透气，加深耕作层，促进深层土壤熟化。花椒播种前进行育苗地的整理是获得全苗、壮苗的基础。整理育苗地应做好如下几方面的工作：

①耕耙：应于育苗前进行秋季深耕，耕作深度25～30厘米。

耕地的时间应根据土壤、气候条件和育苗时节而定。一般秋季育苗的，实行秋耕，秋耕应随耕随耙，要求耙平、耙透，达到平、松、匀、碎；而进行春季播种的，实行秋耕或春耕。秋耕后，可在翌春"顶凌"时耙地。

②施肥：施肥是育苗的重要环节之一，充足的土壤肥力，是促进种子萌发和幼苗生长的重要保证。一般在第一次耕作前，按每亩施充分腐熟的农家肥 5 000～10 000 千克，并配施磷酸二铵 10～15 千克，或过磷酸钙 25～50 千克的施肥量，将肥料均匀地撒在地面上，通过翻耕，使肥料埋入耕作层。

③培垄作床：播种前，需要根据不同的育苗方式在育苗地上做苗床。有灌溉条件的做低床，无灌溉条件的做平床。土壤较黏时做高床。一般床面宽 1～1.2 米、长 5～10 米、埂宽 30～40 厘米。作床时应注意在苗床之间留出步行道和排水沟，以便苗期操作管理。

④土壤处理：为了防止土壤病虫危害，应在播种前 5～7 天进行土壤处理。土壤处理的方法是：在床面喷洒 1％～3％ 的硫酸亚铁水溶液进行灭菌，每平方米喷洒 3～3.5 千克，或将硫酸亚铁粉剂均匀撒入床面或播种沟内进行灭菌。同时将 5％ 的西维因按照每亩 4～4.5 千克均匀施入，以杀灭土壤害虫。但应注意用药量不宜太大，以免发生药害。如果是临近播种期用药，更应注意适当减少药量，防止影响种子发芽。

2. 采种晾晒　种子是育苗、建园的物质基础，种子的优良与否、种子质量的好坏直接关系着育苗能否成功、苗木质量的好坏及椒园的产量和品质。要获得优良的种子，必须注意抓好以下关键环节：

(1) 选好种子产地　小量育苗时，一般要求就地育苗，就地采种。而大面积引种育苗时，首先要考虑品种的适应性，应尽量选择种子产地与育苗地之间生态环境差异不大，育苗和建园地的土壤、气候等环境条件接近的地区作为种子产地。

(2) 选择优良母树　选择优良的采种母树是收获优质花椒种子的前提条件，只有优良的母树才能结出优质的种子。应选择生长健壮、品种优良、无病虫害、结实年龄在 10～15 年的青壮年结果树作为采种母树。

（3）适时采种　适时采种是保证种子质量的关键。种子采摘过早，则未成熟，内部含水率过高，营养物质还处于易溶态，导致种子不饱满、发芽率低。若采摘过晚，种子易脱落，给采种工作造成困难。因此，选择适宜的采种时间十分重要。适宜采种的时间一般在 7～9 月，当果实充分成熟，果皮颜色由绿色变成紫红色或深红色，种子变为蓝黑色、发亮，有 10%～20% 的果皮自然开裂时即可采收。另外，花椒因其品种不同，种子成熟的时间会有较大的差异，采种时应当注意。

（4）采种方法　采种时选择向阳枝梢上着色良好、颗粒饱满的大果穗进行采摘。采种方法是用手摘取或用剪刀将果穗剪下。注意不要折伤枝，以免影响母树来年的结实。

（5）晾晒和净种　用来育苗用的花椒果实，果实采收后不能直接在太阳下曝晒，要放在通风良好、干燥的室内或在阴凉通风处，摊在芦席上晾干，使果皮与种子自行分离。摊晾厚度以 3～4 厘米为宜，每天翻动 2～3 次，待果皮干裂后，用小棍轻轻敲击，使种子从果皮中脱出。然后将种子放入水缸或盆中，加多于种子 1～2 倍的清水，搅拌揉搓后静置几分钟，除去上浮秕种和杂物，滤去水后再将湿种及时摊放在干燥、通风的室内或棚下阴干，即得纯净种子。切忌曝晒，否则会使种胚灼伤，丧失发芽力。一般纯净种子每千克 5.5 万～6 万粒，千粒重 16～18 克，发芽率可达 85%。

3. 贮种鉴种　花椒种子采收后，如果是秋季育苗，则可随采随播。但如果计划春季播种，则采后的种子需经历冬季贮藏的过程。常用的种子贮藏方法有干藏、牛粪饼贮藏、牛粪掺土埋藏、泥饼堆积贮藏、湿沙层积贮藏等方法。

（1）种子贮藏

①干藏：把阴干的新鲜种子装入麻袋或缸、罐中加盖，放在凉爽、低温、干燥、光线不能直射的房间内即可，但不要密封。用这

种方法保存的种子，播种前必须进行脱脂及催芽处理。

②牛粪拌种：把新鲜牛粪 6～10 份、花椒种子 1 份混合均匀，放在阴凉干燥的地方。也可将牛粪与种子搅拌好后，埋入深 30 厘米的坑内，上面覆盖 10～15 厘米厚的湿土，踏实后再覆草，次年春季取出打碎，连同牛粪一起播种。

③牛粪饼贮藏：将 1 份种子拌入 3 份鲜牛粪中，再加入少量草木灰，拌后捏成团，贴在背阴墙壁上或放在通风背阴处阴干后堆积贮存。第二年春适当喷水，使其回潮后轻轻捣碎即可直接播种或经过催芽后播种。此法贮藏的种子发芽率高。

④牛粪掺土埋藏：在潮湿的牛粪内掺入 1/4 的细土搅匀后，再将种子放入拌匀，使每粒种子都黏成泥球状，然后在排水良好的地方挖深 80 厘米的土坑（长、宽依种子量确定），先在坑的中央竖立一束草把，坑底铺 6 厘米厚的粪土，将拌好的种子倒入坑内，直至和地面平为止；再在种子上面盖草，填土成垄状，以防雨水流进坑内。注意要让草束露出垄面。春播前再经过催芽处理即可播种。

⑤泥饼堆积贮：将 1 份种子与 4～5 倍的黄土和沙子（黄土和沙子比例 2∶1）加水搅拌、揉搓和成泥，做成约 3 厘米厚的泥饼，摊在背阴防晒的地面上或贴在背阴防雨的墙上，避免阳光曝晒。泥饼晾干后，将其搬放在通风、干燥、阴凉、光线不能直射的房间内堆放。

（2）种子质量的鉴别　刚脱出的种子，湿度较大，必须及时摊放在干燥、通风的室内或棚下阴干。但如果在太阳下曝晒或堆集在潮湿的地方引起种子发热、发霉，则会使种子降低或丧失发芽能力。可采用以下方法鉴别种子质量的好坏。

①看光泽：种子外皮较暗、不光滑的为阴干的种子，质量好；而种子外皮光滑的为晒干的种子，质量差。

②观种阜：种阜处组织疏松、似海绵状的为阴干的种子，质量好；种阜处因内油脂外溢后干缩结痂的为晒干的种子，质量差。

③察种仁：切开种子观察种仁，若种仁白色，呈油渍状，黏在

一起的是阴干的种子，质量好；若种仁呈黄色或淡黄色，似黏非黏的，则是炕过或晒过的种子，或是长期堆集在一起发热变质的种子，此类种子质量差。

4. 催芽播种

（1）种子处理　花椒种子种壳坚硬，外层具有较厚的油脂和蜡质层，不易吸水，发芽困难。因此，对秋播或春播前的干种子，必须进行种子处理。种子处理的方法有碱水浸泡法、开水烫种催芽法、沙藏催芽法、牛粪混合催芽法等。

①碱水搓洗法：按 100 千克种子，用碱面（碳酸钠）1.5～2.0千克，再加适量的温水，浸泡 3～4 小时，用力反复揉搓，去净油皮，使种壳失去光泽，表面现出麻点，将去掉油皮的种子用清水淋洗净碱液，再拌入砂土或草木灰即可秋播（图 3-2）。

洗种　　　　　　　　　草木灰拌种

图 3-2　种子处理

②湿沙层积催芽：选择在背风向阳、排水良好的地方挖深40～50 厘米、宽 1 米、长度按种子多少而定的沟，沟内每隔 2 米左右竖一草把，然后将搓洗好的种子与含水 40%～50% 的湿沙（以用手能握成团，松手即散开为好）按 1∶2 的比例拌匀后贮于沟中，堆至距沟沿 16 厘米左右时，在上面覆盖湿沙，至与地面平行，随后稍做镇压，再填土呈垄状。贮存期间注意检查和翻动种子，以防发霉。经湿沙贮藏的种子，已起到催芽作用，来年春季土壤解冻后种子膨胀裂口时取出及早播种。沙藏时间一般不少

于 50 天（图 3-3）。

拌种

沙藏

图 3-3　种子湿沙层积法沙藏

　　③牛粪混合催芽法：在排水畅通处先挖深 30 厘米的土坑，将种子、牛粪各 1 份搅拌均匀后放入坑内，灌透水后踏实，坑上盖 3 厘米厚的湿土一层。期间如果温度过高，则在上面的土层变干后立即洒水，以保持坑内湿度，7～8 天后即可萌芽春播。

　　(2) 适时播种

　　①播种时间：花椒播种可在春季或秋季进行。

　　A. 春播：在早春土壤解冻后的 3 月中旬至 4 月上旬进行。当地表以下 10 厘米深的地温达到 8～10℃时为适宜播种时间。若按节气计算，则在惊蛰至春分时播种为宜。春播适宜于春季降雨较多、土壤湿润的地方或无灌溉条件的山地育苗采用。如果采用沙藏，需要随时检查沙藏种子的出芽情况。一般在幼苗出土后不受晚霜冻害的前提下，以早播为佳。

　　优点：种子在土壤中时间较短，受风沙及鸟兽危害机会少；另外，春季播种，播种后地温很快升高，有利于发芽，出苗时间短，幼苗出土整齐，苗木出土后也不易遭受冻害。

　　缺点：播种时间短，田间作业紧迫；种子需经历冬藏和催芽处理，育苗成本加大；技术复杂，群众不易掌握。

　　B. 秋播：适宜于冬季温暖或春季干旱的地区。秋播一般在土壤封冻前的 10 月下旬至 11 月下旬进行。但对晚熟品种也可以随采随播。

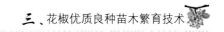

优点：秋季播种的种子在土壤中完成冬季贮藏和催芽环节，减少了种子冬藏和催芽的复杂环节，且春季种子发芽出苗早，可以比春季播种提早出苗 10～15 天，苗木生长期长、根系大，苗木抗旱能力强、生长健壮、成苗率高；秋季适宜播种的时间较长，便于安排劳力；另外，秋季一般土壤墒情好，可以避免干旱地区春季播种后因春旱造成出苗差的情况发生。

缺点：种子在地里埋藏时间较长，易遭受鸟、兽危害。因此在鸟、兽危害严重的地方，秋冬季播种，需加大播种量；另外，春季种子发芽出苗早，在一些地区需注意防止晚霜冻。

②播种方法与播种量：花椒常用的播种方法有条播和撒播两种。

A. 条播：即人工开沟播种。就是在整好的畦子内，按照行距 20～25 厘米、沟深 2～3 厘米进行开沟，每畦开沟 4～5 行，沟底要平。下种时，将种子均匀地播在沟内。每亩播经过筛选的纯净种子 10～15 千克。播种后覆土厚 1～3 厘米，或覆盖薄土（以不见种子为宜）后，再在播种沟内覆上 1.5～2.0 厘米的细沙。在土壤干旱、土壤疏松及土壤水分不足时，覆土后进行镇压。镇压后用塑料膜或柴草进行覆盖（图 3-4）。

图 3-4　条　播

优点：节约种子。苗木出土后按行排列，便于松土、除草等圃地管理。

缺点：播种较麻烦，费工费时。

B. 撒播：将种子均匀撒入畦子内，然后通过耕作耙磨，将种子埋入土内。播种量可在条播播种量的基础上适当增加，一般每亩播经过筛选的纯净种子 20～25 千克。播后镇压、覆盖。

优点：省工省时，产苗量高。

缺点：撒种难度大，苗木出土后不便于松土、除草等项管理。

5. 覆盖与锄草 花椒从种子播种到苗木出圃，需进行一系列的管理才能保证顺利出苗和健壮生长。重点应做好以下几方面的工作：

（1）覆盖 播种后要喷洒一次足水，然后进行覆盖。覆盖能够防止土壤板结，保持土壤水分供应，抑制杂草生长，提高种子发芽率。覆盖物一般选用柴草、秸秆或塑料薄膜。秸秆覆盖可用干净的麦草等，覆盖不宜太厚。当幼苗 60％～70％出土、达 2～3 叶时，应分 2～3 次及时撤除秸秆；塑料薄膜覆盖多在早春低温干旱时使用。覆盖前应检查土壤墒情，如土壤水分不足，应喷水补墒后再进行覆盖。塑料薄膜覆盖能起到明显的增温保湿效果，促进提早出苗。但塑料薄膜覆盖，在出苗后要注意观察，并及时破膜培土，以免幼苗出土后顶在膜上受到灼伤（图 3-5）。

（2）锄草 中耕除草能够疏松土壤、减少土壤水分蒸发、防止土壤板结、清除杂草、促进苗木生长，松土深度以 2～4 厘米为宜。中耕除草多在浇水或降雨后进行。秋季播种的苗地，应在翌春土壤解冻后立即进行松土；春季播种的苗地，当喷水后土壤表面产生板结时可轻轻疏松表土。苗木出土后，当苗高长到 10～15 厘米时就要适时拔除杂草，以后可根据杂草生长和土壤板结情况随时进行中耕除草。一般全年松土除草要进行 4～5 次，杂草多的地方应除草 8～9 次，拔除杂草时应注意不要伤苗。

6. 间苗定苗 在花椒幼苗出土基本整齐后，选择阴天或晴天傍晚揭去盖草。待幼苗长到 3～5 厘米时，开始第一次间苗，以后

图 3-5　地膜覆盖与出苗

每隔 15～20 天再间苗 1～2 次。苗高达 10 厘米左右时进行定苗。定苗后使苗距保持在 10 厘米左右，每亩留苗约 20 000 株。间出的幼苗可带土移栽到断行缺苗的地方，也可移栽到别的苗床上继续培育。移栽时，幼苗以长出 4～5 片真叶时移栽为好。移栽时间应选择在阴天或傍晚进行，以提高移栽成活率（图 3-6）。

7. 水肥促壮

（1）灌水　秋播的在立冬后要喷浇一次水，春季如遇干旱不雨，可再次用喷壶或喷雾器喷水浇灌。切忌引水漫灌，漫灌易引起土壤板结，影响出苗。大雨过后要注意及时排水，以避免长时间积水引起根系腐烂、苗木死亡。出苗后，可根据天气情况和土壤墒情决定是否灌溉。一般施肥后应随即灌溉，以使肥效尽快发挥。苗木

定苗

移栽与遮阴

图 3-6　间苗与移栽

生长后期应控制浇水，以防贪青徒长导致木质化差，影响越冬。

（2）追肥　花椒苗出土后，于 5 月中旬至 6 月中下旬左右进入速生期，此期也是需肥最多的时期，应每亩追施 20～25 千克的硫酸铵等速效氮肥 1～2 次，以促进生长。对生长偏弱的苗圃，可在 7 月上中旬至 8 月中旬再追施一次尿素或硝酸铵等速效肥，每亩施肥量 20 千克左右。在 7～8 月苗木生长旺盛期，用 1‰～2‰ 的磷酸二氢钾进行两次根外追肥。但追施氮肥不能过晚，最迟不能晚于

8月下旬。若追施氮肥过晚，会造成苗木贪青徒长，木质化程度低，容易冬季受冻。施肥时，可将化肥均匀地撒在床面上，随机浇水，然后根据情况进行松土除草。

（二）嫁接苗的繁育

通过嫁接繁育，将优良品种嫁接在野花椒、枸椒等抗逆性强的砧木上，不仅可以保持品种的优良特性，而且还可以提高对根腐病、干腐病等病害的抗性，提高抗寒能力。因此，繁育良种嫁接苗、利用优良品种的嫁接苗建园，是今后花椒栽培的方向。

1. 砧木处理　嫁接苗的繁育，应选择生长健壮、无病害、基径在 0.6 厘米以上、抗寒和抗病能力强的野花椒、枸椒实生苗作砧木。一般砧木越粗，嫁接成活率越高。在嫁接前 20 天或 1 个月，把砧木苗距地面 12～14 厘米内的皮刺、叶片和萌枝全部除去，以利嫁接时的操作。同时进行一次追肥和锄草，促进砧木苗生长健壮，提高嫁接成活。

2. 优树（或良种）采穗　接穗的质量对嫁接成活影响很大，应在品种优良、生长健壮、优质丰产、无病虫害的青壮年植株上采集一年生向阳的壮实枝条作为接穗。接穗要求芽体充实、直径在 0.4～0.6 厘米之间。接穗采下后即装入塑料袋内以防水分蒸发，接穗最好是随采随嫁接。平时不用的接穗，应装入塑料袋内，置于低温、避光的地方贮存备用。接穗用量大或需长途运输时，应将其先剔除皮刺、每 50～100 根绑成一捆，挂上品种标签，标明数量、品种、采集地点与时间等，然后用湿麻袋包裹，麻袋外挂上同样的标签，放于背阴处，并注意及时洒水保持湿润，等待及时调运。

3. 接穗沙藏　对冬季采集准备来年春季嫁接的接穗，采后可打成小捆，挂上标签，贮藏备用。贮藏时，可在背风阴冷处挖深 40～60 厘米、宽 80～100 厘米的沟，沟长视接穗多少而定。沟内底层铺 10 厘米厚的湿沙，要求沙的湿度在 65% 左右，即手捏成团、轻落地上变松散。再把捆好的接穗放入沟内，捆与捆之间保持一定的间隙，填埋湿沙，使湿沙把捆与捆之间隔开，最后在上部盖上 30～40 厘米的潮土，并高出地面。注意严禁用塑料布包裹埋藏，以免霉变造成损失（图 3-7）。

接穗

沙藏

图 3-7　接穗沙藏

4. 去刺浇水　在临嫁接 7 天前给砧木苗浇一次透水。嫁接的当天，取出沙藏的接穗，并去除接穗上的刺。

5. 适时嫁接　应根据当地的物候期选择适宜的时期进行嫁接。嫁接分为枝接和芽接。在我国北方黄河流域一带的 3 月下旬至 4 月中下旬，花椒树液开始流动，生理活动旺盛时，有利于愈伤组织生

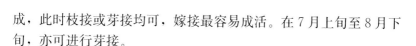

成，此时枝接或芽接均可，嫁接最容易成活。在 7 月上旬至 8 月下旬，亦可进行芽接。

适宜于花椒嫁接的方法有切接、劈接、插皮接、腹接、嫩梢接、方块芽接、T（丁）字形芽接和带木质芽接等。

（1）劈接　在春分前后进行，适宜于 2～4 年生、较粗大的砧木。嫁接时，先将砧木离地面 4～6 厘米处剪断，剪口要平齐，然后用劈接刀在砧木横断面中间垂直切下，切口深 4～6 厘米。随后取接穗，把接穗的下端一侧削成 4～6 厘米的长削面，在削面的背面再斜削 2～3 厘米长的短削面，使其形成楔形，把接穗插入备好的砧木切口中，使接穗和砧木皮层的形成层紧密相接。用塑料薄膜条绑扎紧接口。绑扎时注意不要触动接穗，以免砧木和接穗的部位错开（图 3-8）。最后用黄泥涂抹接口，再培土至高出接穗顶端 2～3 厘米，以利保湿成活。

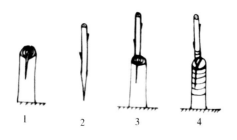

图 3-8　劈接法
1. 砧木切口　2. 接穗削面　3. 插入接穗　4. 绑缚

（2）切接　适用于粗 1.5～2 厘米的砧木。嫁接时，先将砧木离地面 2～3 厘米处剪断，选择皮层厚、光滑、纹理通直的地方把砧木断面削去少许，再于皮层内略带木质部垂直下切 2 厘米左右。在接穗下芽的背面 1 厘米处斜削一刀，削去 1/3 的木质部，使斜面长 2 厘米左右，然后在斜面的背面斜削一长 0.5～0.8 厘米的小斜面，稍削去一些木质部。最后将接穗插入砧木的切口中，使砧、穗两边的形成层对准、靠紧。接后用塑料薄膜条绑扎紧接口。绑扎时注意不要触动接穗，以免砧木和接穗的部位错开（图 3-9）。接后

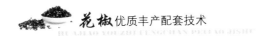

埋土（与劈接法相同）。

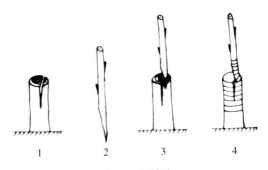

图 3-9　切接法

1. 砧木切口　2. 接穗削面　3. 插入接穗　4. 绑缚

（3）**插皮接**　砧木离皮后，于距地上 10 厘米处，选皮部光滑、挺直处剪断，从一侧纵切皮层 2 厘米，深达木质部，顺势用刀左右微撬，使上方皮层略翘起；接穗的削法是：用刀先向下切，超过中心髓部，然后斜削成 0.5～1 厘米的大削面，露出木质部，呈马耳形，削面长约 3 厘米，然后在大削面的背面再削 1 厘米长的短削面，最后将接穗的大削面向里插入砧木的皮层与木质部之间，使二者的皮部相接，接穗上端稍有露白，再用塑料布绑紧（图 3-10）。用培土或接泥法保湿。

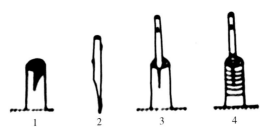

图 3-10　插皮接

1. 切砧木　2. 接穗削面　3. 插入接穗　4. 绑缚

（4）**嫩接法**　5 月底至 7 月初，利用尚未木质化的发育枝作接穗，随采随嫁接。选迎风光滑的砧木之面切 T 形接口，横口长 1

厘米，纵口长 2 厘米，切深至皮层不伤及木质部为宜，接口以上留
15～20 厘米砧桩，减除砧梢。接穗切取：先从距离接芽 3 厘米处
切去上梢，再从切口向下顺芽侧方向下斜切一刀，切下长约 1.5 厘
米带有一个嫩芽的单斜面枝块，枝块上端厚 3～4 毫米，拨开砧皮，
将枝块插入接口，使接穗的纵切面与砧木的木质部紧贴，横切口与
砧木横切口密接，最后绑好接口（图 3-11）。

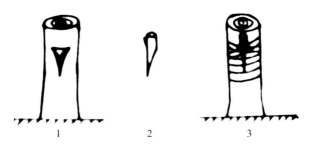

图 3-11　嫩接法
1. 切砧木切口　2. 切接穗　3. 绑缚

（5）方块形芽接法　距接芽上、下 1.5 厘米切取长 3 厘米、宽
2 厘米的芽片，切深至木质部，带上维管束，摘去叶片留叶柄，放在
5％的白糖液中（不超过 10 分钟）或含于口中，或用湿毛巾包裹好，
防止氧化。在砧木光滑的东北向（防太阳曝晒）用同样方法切去与
芽片大小相同的方块，迅速将芽嵌于砧木口，使其上下和两侧接口
密接，用塑料膜绑紧，露出芽眼和叶柄（图 3-12、图 3-13）。

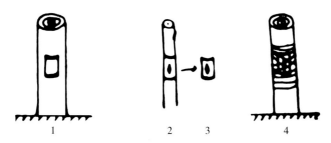

图 3-12　方块形芽接法
1. 切砧木切口　2. 切接芽　3. 芽片　4. 绑缚

图 3-13　方块形芽接效果

（6）**T 字形芽接法**　7～8 月在砧木离地面 5 厘米左右树皮光滑的部位先横切一刀，深度达木质部，长约 1 厘米，再在横切口下垂直竖切一刀，使成 T 字形。砧木切好后，在接芽上方 0.3～0.4 厘米处横切一刀，再由下方 1 厘米处自下而上、由浅入深削入木质部，削到芽的横切口处，呈上宽下窄的盾形芽片，用手指捏住叶柄基部向侧方推移，即可取下芽片。芽片取下后，用刀尖挑开砧木切口的皮层，将芽片插入切口内，使芽片上方与砧木横切口对齐，然后用塑料薄膜条自上而下绑好，使叶柄和接芽露出，绑的松紧要适度，太紧太松都会影响成活（图3-14）。

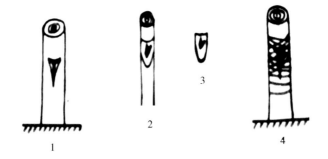

（7）**带木质芽接**　嫁接在 3 月中下旬至 4 月上旬或 6 月上旬至 8 月下旬进行。首先倒拿接穗，从接芽的上方 0.8～1 厘米处稍带木质向

5

图 3-14　T 字形芽接法
1. 砧木 T（丁）切口　2. 切接片　3. 芽片
4. 插芽片并绑缚　5. 嫁接效果

前平削，至芽下 1.2 厘米处，再从芽下 1.2 厘米处呈 30°角斜切至第一刀底部，取下芽片，使芽片基部成楔形；在砧木嫁接处选择光滑面，由上而下略带木质部削一切面，宽与芽片基本相等，长度比芽片稍长。切面外带木质部的皮片不可与砧木分离，并从其基部呈 30°角切去皮片长度的 2/3；最后将芽片嵌贴于砧木切面上，并用切口基部保留的 1/3 皮片夹住芽片，使芽片和砧木二者的形成层对齐，注意使芽片尖端微露出一线砧木皮层。如砧木过粗，可将一边形成层对齐，然后用塑料条带自下而上绑严实，只露芽眼和叶柄（图 3-15、图 3-16）。

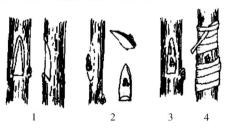

1　　　　2　　　　3　　　　4

图 3-15　带木质芽接法
1. 砧木切口　2. 削接芽片　3. 嫩芽接　4. 帮扎

图 3-16　带木质芽接效果

6. 查活补接 一般嫁接后 20～25 天接芽即可萌发，此时应进行成活检查。检查时芽或接穗的颜色是新鲜饱满的，嫁接后已开始愈合或芽已萌动，就证明嫁接成活了。如接穗枯萎变色，说明没有接活，应及时进行补接。

7. 剪砧除萌 在确定接芽成活且开始萌发后，即可剪砧。剪砧分 2～3 次完成，最终剪至距接芽上方 1 厘米处。剪砧时刀刃应该在接芽一侧，从接芽以上剪，向接芽背面微下斜剪断成马蹄形。剪砧后，砧木上极易抽发出萌芽，应随时用小刀削除，以免争夺养分，影响接芽生长。

8. 支撑摘心 接芽抽出的新梢，在接口充分木质化以前，很容易被风吹折断。因此，当新梢抽出 20 厘米长时，可在苗干侧旁的接口对面插一长于 50～60 厘米的竹棍，并用活扣将新梢引缚于竹棍上，支撑新梢，以防风吹折断。当苗高 40 厘米时，可再引缚一次。待新梢木质化后，即可去除支柱。待嫁接苗长到 50～65 厘米时，可进行摘心，以促进苗子向粗生长并发侧枝。

9. 解膜防病 夏秋季嫁接的接芽或接穗成活萌芽时，即可解除薄膜带。晚秋嫁接的当年不能萌发，要在次年发芽前才能解除。捆绑的薄膜带解早了或解迟了，都会对嫁接成活和今后接口的愈合有影响。如果解绑过早，常因接口未长好而进开，致成活率降低。如解绑过迟，往往造成接口变形，影响苗木生长，或是将来接枝从嫁接口折断。因此，解除薄膜带一定要适时。苗木生长过程中，每 10～15 天喷 1 次粉锈宁或己唑醇，以防锈病等病害。6 月上中旬，各喷 1 次螺螨酯，以防红蜘蛛危害。5～8 月，根据实际情况喷 3～4 次毒死蜱，以防蚜虫危害。

10. 锄草施肥 苗木生长过程中，适时进行中耕除草，合理施肥，以促进生长。

11. 出圃调运 花椒苗的出圃是花椒育苗的最后一道工序，也是保证花椒苗木质量的关键。出圃工作的好坏直接影响到苗木的质量和栽植成活率，因此应引起高度重视。

（1）起苗 起苗时间应尽量与花椒建园栽植时间相衔接。最好在栽植的当天或前一天起苗。秋季栽植的应在落叶封顶后起苗，春季栽植则应在萌芽前起苗。在起苗前 7~10 天应向苗圃灌足水，起苗时深度要达到 20~25 厘米。

（2）分级　起苗后对苗木进行分级。有 5 条以上长 15 厘米的主根、侧根。并要求苗木须根发达，地径在 0.7 厘米以上，苗高在70 厘米以上，发育充实，生长均匀，这样的苗为壮苗、合格苗。起苗后将壮苗（合格苗）与弱苗（不合格苗）分开，同时剪除苗木上带病虫、受伤、发育不充实的枝梢及畸形根系。然后按 50 或100 株打捆。

（3）假植　苗木分级后不能立即栽植或调运时，需进行假植。假植时选择排水良好、土壤湿润、背风的地方，挖一宽、深 30~40 厘米，与主风方向垂直的沟。沟迎风面的壁作成 45°倾斜面，将苗木在斜壁上成捆排列，再用湿润土壤培埋。一般要培土达苗高的1/3～1/2，而在寒冷多风地区，应将苗木全部埋严。培土高出地面 15~20 厘米，以利排水。

（4）蘸浆　苗木调运时要对根系进行蘸浆。蘸浆时，在水中放入黄土，搅成糊状泥浆，将苗木根部放入泥浆内，使根系全部裹上泥浆。蘸浆有利于根系保湿，提高栽植成活率。

（5）检疫包装　苗木出圃时，要对苗木严格检疫，发现带有检疫对象的苗木，应立即集中烧毁。苗木出圃后，要经过国家检疫机关检验并签发证明后才可调运。调运苗木时，为防止苗木根系失水或损伤，应对苗木进行包装。苗木包装材料可选用草袋、蒲包等轻质、坚韧物，按每 50~100 株 1 捆进行包装。并要注明产地、品种、数量和等级。

四、花椒建园与丰产管理技术

花椒丰产关键配套技术参见图 4-1。

（一）花椒建园技术

1. 选址规划

（1）花椒建园对环境的要求

①温度：温度是气候因素中最重要的因素，对花椒的生长发育有着重要的影响。花椒是喜温的树种，不耐寒，在我国年平均气温为 8～16℃ 的地区均能栽培生长，但在平均气温为 10～15℃ 的地区最适宜栽培。大红袍花椒全生育期平均为 150 天，≥0℃ 积温为 3 005～3 245℃。在年均温低于 10℃ 的地区，虽然也有栽培，但常有冻害发生。花椒休眠期幼树能耐 −18℃ 的低温，大树能耐 −20℃ 的低温。冬季极端温度低于 −18℃ 或 −20℃ 时，花椒幼树或大树就可能受冻。当日平均气温稳定在 6℃ 以上时，花椒芽开始萌动。日平均气温达到 10℃ 左右时，开始抽梢。花椒花期适宜的日平均温度为 16～18℃，开花期的早晚与花前 30～40 天的平均气温、平均最高温度密切相关，气温高时开花早，气温低时开花晚。花椒果实发育适宜的日平均温度为 20～25℃。春季气温的高低对花椒产量影响较大。在北方地区，"倒春寒"常造成花器受冻，当年减产。2013 年 4 月 6 日夜间和早晨，我国北方地区大幅降温，一些地区大气温度甚至降到 −2℃，致使花椒嫩枝和花序冻成"冰棒"，日出后嫩枝和花序萎蔫，不久就变成焦黑色。冻害严重的地区受害面积占到了 80% 以上。因此，在春季寒冷多风地区定植建园时，应为椒园营造防风林或风障，以提高早期生长温度，减轻冻害。

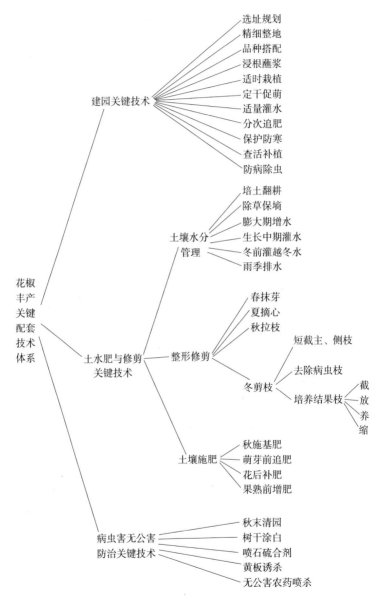

图 4-1 花椒丰产关键配套技术

②光照：花椒是强阳性喜光树种，一般要求年日照时数在1 800～2 000小时。光照充足，则花椒树体发育健壮、病虫害少、产椒量高；反之，则枝条生长细弱、分枝少、挂果少、病虫多、产量低。在花椒开花期如果光照充足，花椒的坐果率会明显提高。而花期若遇连阴雨导致光照不足，则会造成大量落花落果。特别是七八月份，当花椒进入着色成熟期时，充足的光照有利于光合产物的积累，能促进果皮增厚，使着色良好、品质提高。此时如果光照不足，则会导致果穗小、果粒瘪、色泽暗淡、品质差；就一株树而言，因树冠外围光照充足，所以外围枝花芽饱满，坐果率高，成熟期较早。内膛光照不足，因而内膛枝花芽瘦小，坐果少，成熟期相对较晚。若内膛长期光照不足，就会引起内膛小结果枝枯死，结果部位外移。因此，在建园时要考虑当地的日照时数，做到密度适宜，保证树冠获得充足的光照。在栽培管理上，应注意整形修剪，加强通风透光，促进树冠内外结果均匀。

③水分：花椒对水分需求不高，一般年降雨在500毫米且分布均匀，就可满足花椒自然生长的水分需求。在年降雨500毫米以下的地区，只要在萌芽前和坐果后各灌1次水，也能满足花椒正常生长和结果的水分需求。但因花椒根系分布较浅，因而难以忍耐严重干旱。花椒对水分的需求主要集中在生育期内，特别是生长前期、中期，若生育期内降水过少，会因干旱影响产量。

④土壤：土壤是花椒水分和养分供给的场所，良好的土壤条件对花椒的生长发育、开花结果和产量品质都有着十分重要的影响。

土壤厚度：花椒根系主要分布在60厘米深的土层内。因此，一般80厘米的土层厚度就能满足花椒生长结果的需求。但土层越深厚，越有利于花椒根系的生长，而强大的根系会使树体地上部生长健壮，结实多，从而提高椒果产量和品质。如果土层过浅，则会限制和影响根系的生长，同时引起地上部生长不良，形成"小老树"，导致树体矮小、早衰、低产。

土壤质地：土壤质地对花椒根系的分布、根系生长、根系对土壤中水分和养分的吸收都有重要影响。一般疏松的土壤孔隙度适中，土壤中空气含量适宜，有利于根系的延伸生长，因此花椒根系喜欢生长于质地疏松、保肥性和通气性好的土壤。砂壤土和中砂壤土质地好，最适宜花椒生长。在一般的砂土、轻壤土、轻黏土上也可种植花椒，但沙性过大或极黏重的土壤不利于花椒的生长。

土壤pH：花椒生长发育对土壤的酸碱度也有要求。花椒对土壤酸碱度的适应范围较广，在土壤pH值6.5～8.0的范围内都能栽植，但pH值7.0～7.5是花椒正常生长结果的最适土壤酸碱度范围。花椒喜钙，耐石灰质土壤，在pH值为8.4的石灰岩山地上也能正常生长。

土壤肥力：花椒为喜肥树种，在肥沃的土壤上生长势强、抽枝旺、产量高。但花椒适应性强，在土层较浅的山地也能生长结果。

土壤水分：花椒根系不耐水湿，土壤过分湿润，不利于花椒树生长。土壤积水或长期板结，易造成根系因缺氧窒息而使花椒树死亡。花椒生育期降水过分集中，会造成湿度过大，日照不足，导致果实着色不好，也不利于采收和晾晒，影响产品产量和质量。一般当土壤含水量低于10%时，花椒叶片会出现轻度萎蔫，低于8%时出现重度萎蔫，低于6%时会导致植株死亡。

⑤地形地势：花椒栽植多在山地上进行，而山地地形复杂、地势变化大。不同的地形地势引起光、热、水资源在不同地块上的分配，最终对花椒的生长和结果产生较大的影响。其中坡度、坡向和海拔高度是主要的影响因子。

坡向：坡向通过影响光照，对花椒的生长结果产生影响。花椒为阳性树种，一般阳坡、半阳坡比阴坡光照时间长而充足，温度也高，因此花椒在阳坡和半阳坡上生长结实比阴坡好。但在干旱半干旱的地区，由于水分成为花椒生长发育的主要制约因子，而阴坡水分状况比阳坡和半阳坡好，因此阴坡花椒的生长结实往往会略好于阳坡或半阳坡。

坡度和坡位：坡度和坡位通过影响土层厚度、土壤肥力和土壤水分条件，对花椒生长结果产生影响。一般情况下，缓坡和坡下部的土层深厚，土壤肥力和水分状况较好，花椒生长发育也好。而陡坡和坡上部土层浅薄，土壤肥力和水分条件较差，花椒的生长发育也较差。

海拔：海拔高度不同，光、热、水、风、土壤条件等也会不同，对花椒的生长发育会产生不同的影响。一般随着海拔升高，紫外光增加、温度降低、热量下降、风力增大，花椒生长量和产量会降低。花椒在太行山、山东半岛、吕梁山等地区分布在 800 米以下，在云贵高原、川西山地多分布于海拔 1 500～2 600 米之间。在秦岭以南多分布于海拔 1 500 米以下，而在秦岭以北则多分布于1 300米以下。

（2）选址规划

①园址选择：花椒生产必须选择适宜的生态环境，否则即使有再好的管理制度、再先进的管理技术也难以生产出安全绿色的花椒产品。花椒园应选择在不受污染源影响、污染物控制在允许范围内的良好生态区域，应达到我国农业行业标准《NY/T 391—2013绿色食品产地环境质量》的相关要求（表 4-1 至表 4-3）；另外，椒园地地下水位不应高于 1 米，坡向要求阳坡或半阳坡；应避免在风大的山顶、风口以及冷空气易于积聚形成辐射霜冻的低洼地建园。

A. 土壤质量要求：要求产地土壤元素位于背景值正常区域，周围没有金属或非金属矿山，且无农药残留污染。土壤质量应符合表 4-1 的要求。

表 4-1　土壤中各项污染物的含量限值

项目	旱地			水地			检测方法
	pH<6.5	6.5≤pH≤7.5	pH>7.5	pH<6.5	6.5≤pH≤7.5	pH>7.5	NY/T 1 377
总镉（毫克/千克）	≤0.30	≤0.30	≤0.40	≤0.30	≤0.30	≤0.4	GB/T 17141
总汞（毫克/千克）	≤0.250	≤0.30	≤0.35	≤0.30	≤0.40	≤0.4	GB/T 22105.1

（续）

项目	旱地			水地			检测方法 NY/T 1 377
	pH <6.5	6.5≤ pH≤7.5	pH >7.5	pH <6.5	6.5≤ pH≤7.5	pH >7.5	
总砷 （毫克/千克）	≤25	≤20	≤20	≤20	≤20	≤15	GB/T 22105.2
铅 （毫克/千克）	≤50	≤50	≤50	≤50	≤50	≤50	GB/T 17141
总铬 （毫克/千克）	≤120	≤120	≤120	≤120	≤120	≤120	HJ 491
总铜 （毫克/千克）	≤50	≤60	≤60	≤50	≤60	≤60	GB/T 17138

B. 产地灌水质量要求：要求灌溉用水质量有保证，地表水、地下水水质清洁无污染，水域上游没有对产地构成威胁的污染源。灌溉用水质量指标应符合表4-2的要求。

表4-2 农田灌水质量要求

项 目		指 标	检测方法
序号	pH值	5.5～8.5	GB/T 6920
1	总汞（毫克/升）	≤0.001	HJ 597
2	总镉（毫克/升）	≤0.005	GB/T 7475
3	总砷（毫克/升）	≤0.05	GB/T 7485
4	总铅（毫克/升）	≤0.1	GB/T 7475
5	六价铬（毫克/升）	≤0.1	GB/T 7467
6	氟化物（毫克/升）	≤2.0	GB/T 7484
7	化学需氧量（COD_{cr}）（毫克/升）	≤60	GB 11914
8	石油类（毫克/升）	≤1.0	HJ 637
9	粪大肠菌群（个/升）	≤10 000	SL 355

C. 产地空气质量标准：要求远离工矿污染区，椒园周围没有空气污染，不得有有毒、有害气体排放。椒园的空气质量指标应符

合表 4-3 的要求。

表 4-3 环境空气质量要求

项　　目	标　准		检测方法
	日平均	1 小时	
总悬浮微粒物（毫克/米³）	≤0.30	—	GB/T 15432
二氧化硫（毫克/米³）	≤0.15	≤0.5	HJ 482
二氧化氮（毫克/米³）	≤0.08	≤0.2	HJ 479
氟化物（微克/米³）	≤7	≤20	HJ 480

a. 日平均指任何一日的平均指标；b.1 小时指任何一小时的指标。

②椒园的规划设计：建立较大型的椒园，在选好园地后，必须进行科学的规划和设计，以便为椒园的丰产稳产奠定基础。花椒建园的规划设计内容一般包括：栽植小区划分、道路设置、灌水与排水系统设计、栽植方式等。

A. 小区划分：为了合理利用土地，便于管理，一般建立大面积椒园时要将整个园地划分成若干栽植小区。小区的形状和大小可根据地形、地貌及道路等因素确定，但要求在一个小区内的地形、坡向、土壤基本一致，以方便管理。小区面积一般为 2～4 公顷。为便于生产管理，将栽植小区设计为长方形，并使长边与等高线平行。梯田形椒园应以坡面或沟谷为小区单位。若坡面过大时，可划分成若干个梯田形小区。

B. 道路设置：山地椒园可根据面积大小和坡度陡缓的不同设计道路。面积在 20 公顷以上、坡度平缓的大椒园应规划出主干道。主干道是内连椒园各条支道、外连园外公路的通道，宽 4～5 米，环山而上。面积在 6.67～20 公顷、坡度较平缓的椒园，可设置环山而上、宽 3 米的主干道路。在小区分界线处设支道，支道宽 2.5～3 米；面积在 6.67 公顷以下、坡度较陡的，可设置"之"字形攀坡而上、宽 1.5 米的便道。

C. 灌水系统设计：灌水系统包括蓄水池、引水渠、灌水沟三部分。

Ⅰ.蓄水池：山地椒园灌溉水多采用雨水集流、蓄水灌溉或蓄水提灌，因此一般要设计建造蓄水池。采用蓄水灌溉方式的，蓄水池的设计位置要高于椒园；采用蓄水提灌的，蓄水池位置应低于椒园。蓄水池的大小应根据集水面积大小和灌溉便利条件等，因地制宜地在椒园上部、斜上部、两侧或下部修筑。

Ⅱ.引水渠：是连通蓄水池与椒园的通道，一般设在椒园一侧，并与等高线斜交或垂直。引水渠应采用管道或用水泥、石头砌成，并要间隔修筑跌水缓冲池，以防冲坏渠道。

Ⅲ.灌水沟：沿等高线在梯田内侧设置灌水沟，并与引水渠相通。

D.排水系统设计：排水系统由排洪沟和排水渠组成。

Ⅰ排洪沟：设计在椒园上方边缘和灌溉引水渠的对侧边缘，一般沟深70～80厘米，沟宽80～100厘米，以引排椒园中多集的雨水。

Ⅱ排洪渠：一般不单独修筑，是将灌水沟末端与排洪沟相通，即可排除梯田内的水。

E.建筑与晒场规划：大型的椒园，应该在椒园中心区域交通方便处建立管理办公室、农机具房、晾晒场、贮藏库、包装车间等。山地椒园要将包装场、贮藏库设在低处，要交通便利。

2.精细整地　园地选择、规划好后要精细整地，以改善土壤的通气性，减少水分蒸发，消灭杂草，加快有机质的分解，提高土壤肥力和保水性。干旱、半干旱地区无灌溉条件的，整地最好在栽植花椒前半年或先一年进行，坚持在雨季之前整好地。立地条件好、水源方便的地方，可以随整地随栽植。整地方法主要有以下几种：

(1) 穴状整地　梯田埂边、其他农田边及房前屋后等零星栽植花椒，宜采用穴状整地。穴的规格为：长、宽各50厘米，深40厘米。梯田埂边和其他农田边挖穴时，穴应距埂田边50～80厘米。挖时，将穴内表土与底土分开放置，以便栽时分别回填。

(2) 全面整地　平地建园，可采用全面整地。即先将底肥均匀撒施在园地上，然后深翻，再多耙多糖几次，按株行距挖栽植穴。底肥采用农家肥，每亩施肥4 000～5 000千克，栽植穴规格为：长、宽各60厘米，深50厘米（图4-2）。

规划打点

挖栽植穴

图 4-2　全面整地与挖栽植穴

（3）带状整地　平地建园或在 25°以下的坡地栽植，可采用带状整地。带宽 1~1.2 米，带间距 40~60 厘米，相邻带心距与行距相同。挖带时，带内表土与底土分开放置，将肥与表土混合均匀后填入带的中、下部，底土撒在带的上部及园区。坡地为防止水土流失，绕山（等高线）走带，平地东西走带，以增加椒树光照。在带内按株距挖穴，穴的规格为：长、宽各 50 厘米，深 40 厘米。

（4）水平阶或反坡梯田整地　坡地修水平阶或反坡梯田，能拦截雨水，保肥、保土，是提高土壤肥力，改善立地条件的根本途径。25°以上的坡地，水平阶或梯田田面宽按 1～1.5 米修筑；25°以下的坡地，田面宽按 2～3 米修筑。修筑时，依等高线进行，田面要修理平整，外侧筑土埂，用锨拍实，石质山区还可砌石埂，田面内侧留一条小沟，以利雨天排除多余之水。在修好的田面上挖穴，穴的规格为 40 厘米×40 厘米×40 厘米（图 4-3）。

（5）鱼鳞坑整地　在支离破碎的石质山坡和黄土坡，宜采用见缝插针的形式，挖鱼鳞坑。其方法是：以栽植点为中心，将上部土挖到下部，并堆成直径约 1.5 米的半圆形土坎，形似鱼鳞状，将石块、草根等堆在土坎上，然后挖栽植穴，穴的规格为 40 厘米×40 厘米×40 厘米（图 4-3）。

水平阶整地

鱼鳞坑整地

图 4-3　水平阶与鱼鳞坑整地

3. **品种搭配** 花椒建园时的品种选配，应根据品种特性和立地条件，综合考虑以下因素进行选配。

（1）**成熟期** 花椒一般不配置授粉品种，但考虑到花椒采收比较费工，在建立大型椒园时要注意早、中、晚品种的搭配，以延长椒园的采收期。若品种单一，成熟期集中，会给适时采收带来困难，影响花椒果实的品质。

（2）**立地条件和品种抗性** 花椒不同品种对环境的适应程度有很大的差异，一般大红袍喜肥耐旱，小红椒、白沙椒耐旱、耐瘠薄，大红椒、豆椒喜肥耐水，枸椒、秦安 1 号耐旱、耐瘠薄、耐寒冷。

4. **浸根蘸浆** 用于建立花椒园的苗木，应选用品种纯正、优良、主侧根完整、须根较多的 1～2 年生苗。要求苗高在 60 厘米以上，根径粗 0.5 厘米以上，芽子饱满。栽前应对苗木进行修枝，以减少椒苗水分的蒸发；并修除根系受机械损伤较重的部分。剪掉病虫根、干枯根，以防止病虫的蔓延，利于栽后产生新根。栽前需将苗木根系蘸生根粉泥浆，带浆栽植。生根粉泥浆要和稀，以免使根系周围形成泥壳，影响根系的吸收和呼吸功能。

5. **适时栽植**

（1）**栽植时间** 花椒建园适宜的栽植时间分为春栽、秋栽和雨季栽植。春栽适宜于有灌溉条件或春季降雨较多的地区。由于春栽花椒具有工序少、幼树不易遭受冻害、成活率较稳定的优点，因此在我国北方较寒冷的地区，土壤封冻早，冬季温度低，为了避免幼树遭受冻害，应以春栽为主；秋栽和雨季栽植适宜于秋季雨水多而春季干旱的地区。

①春栽：早春土壤解冻至萌芽前栽植，宜早不宜迟。当地苗应尽量随挖随栽；外地调苗要保湿包装，保护好根系，并在栽前用湿水浸泡半天以上，栽后浇足定根水，即把须根埋完后，顺苗干部浇 1 千克左右清水，待无明水时，再覆土埋严。若在距地表 10 厘米左右处截干，可提高成活率。

②秋栽：在土壤封冻以前 20 多天栽植。栽后截干，并修一土

丘，以利防寒越冬。

③雨季栽植：无灌溉条件的干旱山地，可在雨季趁墒栽植。雨季栽植要随挖随栽、带土移栽，栽后要有2～3天的连阴雨，才能保证成活。如果栽后天气放晴，则要及时遮阴，并剪去枝干的一半，以减少蒸发（图4-4）。

带土移栽   成活

图4-4 雨季栽植

（2）栽植密度   合理密植可以增加单位面积的株数，最大限度地利用光能和地力，获得单位面积最大产量。花椒的栽植密度应依据立地条件、栽培方式、管理水平和品种不同而异，总的原则是要获得高产、稳产和便于管理。在土层深厚、土壤水肥条件好的地方集中连片建园。从增强光照的角度考虑，一般采用长方形方式栽植。在土层较厚、水肥条件较好的地块，树体生长较为高大，栽植密度应小些，多采用3米×4米、4米×4米或4米×5米的株行距；在土层较薄、土壤水肥条件差的地方集中连片建园，一般树体较为矮小，栽植密度应大一些，多采用2米×3米或3米×3米的株行距；一般梯田埂边和其他农田边栽植花椒，可顺地埂栽一行，株距以3～4米为宜。

（3）栽植方法　花椒栽植方法的正确与否，关系到栽植后能否成活和建园质量的高低，影响着以后椒园能否早挂果、早丰产。因此，应运用以下正确的方法栽植花椒。

①挖坑：首先按规划的栽植点挖 60～80 厘米见方的栽植坑。挖坑时将表层 30 厘米的熟土与深层土壤分开堆放，然后将农家肥 6～10 千克与熟土拌匀，向坑内回填部分，并在坑底作成中间略高的小丘。

②植苗：将苗木根系拨展放入坑的正中，然后一人持苗，一人填土粪，并轻轻振动苗木，使土粪自然落入根缝中。待填到一半时，将苗木轻轻向上提动，使根系舒展并与土壤紧密结合，再填少量粪土，用脚踏实。之后，边填土边踏实，直填至比苗木原土痕处略高 2～3 厘米为止。最后，在花椒幼树周围筑一定植圈。

③浇水保墒：土壤过干时浇定根水，待水渗完后封土保墒。

④筑垄培土：栽植时还应注意：田边地埂栽植后，沿地埂筑垄，以蓄水保墒，防止水土流失；花椒幼苗耐寒性较差，我国北方秋季栽植花椒后要给幼苗培土，以防冻害，培土高度以比截干后的苗高（截干在整形修剪部分具体讲）略低 1～2 厘米（露个头）为标准。培土用锹拍实，翌年春幼树发芽前务必及时扒除，以防捂芽。

⑤带土、遮阴：雨季栽植注意选择阴雨天，尽量多带母土，剪除部分枝叶，并于栽后遮阴。

花椒耐旱不耐涝，秋季栽植时，若土壤有一定湿度，栽后不必浇定根水，以免土壤湿度过大，引起花椒根系腐烂。栽植时，所施基肥必须充分腐熟，基肥内可混入少量磷肥。

6. 定干促萌　栽后在苗干距地面一定高度处将以上多余部分剪去，以促使整形带内的芽体早萌发，利于成活，促进成形。定干时要求剪口距剪口下芽 0.5 厘米。定干高度一般以 50～60 厘米为宜。

7. 适量灌水　有灌溉条件的地区，一般春栽后半个月内要再灌一次水，浇后覆土 3～5 厘米。苗木成活后，在 5、6 月各灌水 1

次。如为山地，可修树盘聚集雨水灌溉。灌水量以灌透但不积水为宜。

8. 分次追肥　栽植成活后的幼树，要在 6 月中旬结合灌水或降雨追施少量氮肥，9 月上旬开始叶面喷施 0.5% 的磷酸二氢钾，每隔 15 天喷 1 次，连续 3 次，以促进枝条组织成熟老化，提高抗寒能力（图 4-5）。

图 4-5　浇水与施肥

9. 保护防寒　北方冬季严寒地区，秋季栽植的幼树，栽后要立即埋土防寒；春季栽植的幼树，因萌芽迟，生长慢，枝条内积累的营养物质少，冬季易发生枝条失水干枯。因此，在落叶后要进行防寒保护。对 1～2 年生的幼树，能整株培土的即整株培土防寒，不能整株培土的可在茎干基部培一土堆，上部用草把捆绑裹缠，外用塑料布包扎。来年春季萌芽前逐步分次解除包缠物，扒平培土。

10. 查活补植　花椒栽植后，夏季应检查一次，统计成活情况，发现死苗要及时补植。

11. 防病除虫　要随时检查，发现病虫及时防治。通常情况下，在萌芽前对树体喷 5 波美度的石硫合剂，萌芽后喷 40％乐果乳剂 1 500 倍液，杀灭金龟子等成虫。

（二）花椒的土水肥管理与整形修剪关键技术

1. 椒园的土壤水分管理　花椒在生长发育过程中，必须从土壤中吸收大量的营养物质和水分，科学合理地进行土壤管理，才能促进根系的发育与吸收功能的充分发挥，才能满足花椒生长发育的需求，才能获得优质、高产。椒园的土壤管理包括了以下几个方面：

（1）培土翻耕　花椒树抗寒力差，特别是幼树，在北方寒冷地区越冬易受冻害，而培土则可以有效防止冻害发生或减轻冻害造成的损失。在北方，幼树越冬多要埋土。埋土前多用麦草或塑料薄膜条包裹树干，然后用火炕灰或干净园土埋严实。进入结果初期一般也要年年培土，即入冬前把田园表土堆至树干基部，以保护根颈部分安全越冬，来年春天再把树干基部的土散开。在雨水较多的地方或在雨季中耕时，还须在树干基部培土，以防根颈部积水过多，影响生长。

深翻有利于花椒根系的生长发育。从秋季开始，到土壤解冻前都可耕翻。在花椒树冠投影范围内可浅挖，以避免伤根；在树冠外需深翻，以改善土壤透性。行间可结合施基肥，深翻 30～50 厘米。

（2）除草保墒　椒园的除草可采用中耕除草和覆盖除草。

①中耕除草：中耕除草是椒园管理的一项重要内容，通过中耕

除草可以达到疏松土壤、改善土壤结构、减少土壤水分蒸发、保持土壤墒情、防止杂草滋生蔓延、提高土壤肥力、促进花椒生长的作用。中耕除草时间与次数因树龄、土壤及天气状况等而不同。但一年中，至少要在杂草刚发芽时、夏季麦收前后及秋季采椒前后各进行一次中耕除草。一般对 1～2 龄椒园最好每年中耕除草 4～5 次，之后随着椒树树龄的增大，椒园逐渐趋于郁闭，中耕除草次数可随之减少，一般每年要保持进行 1～2 次即可。

②覆盖除草：用稻草、谷草、麦草、绿肥、野草等覆盖在树盘及周围，以抑制杂草滋生。覆盖厚度为 20～30 厘米。地面覆盖除草，不仅达到了除草的目的，而且还有以下好处：

Ⅰ. 蓄水、保墒、保土：能减少地表水分蒸发量 60% 以上，提高土壤含水量 40% 左右。丘陵、山地椒园覆盖后，可显著地减少地表径流，防止水土流失。

Ⅱ. 调节土温：可缩小地表温度变幅。夏季高温季节可使地表降低温度最大达到 16℃ 左右，防止树体根系免受高温危害。

Ⅲ. 提高土壤肥力：覆盖的秸秆腐烂后，可增加土壤肥力。据测定，覆盖秸秆 3 年后，土壤矿质营养中氮可提高 6%～49%、磷可提高 2%～143%、钾可提高 3%～65%。

Ⅳ. 改善土壤理化性质：使土壤容重明显减小，透气性显著增加，土壤变得松软，有机质增多，促进花椒健壮生长。

地面覆盖，不择材料，简单易行。但覆盖后应进行拍打，使覆盖物紧实，并间隔压土以防风吹起；覆盖物不能带有病菌和虫卵及杂草种子，以免椒园受到病虫和杂草的危害；覆盖前应在树干基部培土堆，以防树下积水导致花椒死亡；覆盖 3～4 年覆盖物腐烂后，应尽快将其翻入土壤，重新覆盖；覆盖期间严禁火种，以防引起火灾。

(3) 萌芽前补水　为补充越冬期间的水分损耗，促进花椒树的萌芽和开花，在干旱地区萌芽前必须灌水。春季泛碱严重的地方，萌芽前灌水还可冲洗盐分。有霜冻的地方，萌芽前灌水能减轻霜冻危害。

(4) 膨大期增水　花椒枝叶生长旺盛，幼果迅速膨大时，对水分缺乏最敏感，应灌足膨大水，这对保证当年产量、品质和第二年的生长、结果具有重要作用。

（5）生长中期灌水　为提高当年花椒产量，干旱少雨地区在果实膨大中后期，仍需灌水1次。6月及其以后视降雨情况少灌水。在夏季天热时应选择早晚灌水，不宜中午或下午灌水，否则会因土壤突然降温而导致根系吸水功能下降，造成花椒生理干旱而死亡，群众称之为"晕死"。多雨地区可不灌水，保持土壤水分以中午树叶不萎蔫，秋梢不旺长为宜，有利于营养物质的积累，促进花芽分化。

（6）冬前灌越冬水　为保证花椒树安全越冬，并促进基肥的腐熟分解，利于根系发育，在秋施基肥以后要灌足越冬水，封冻前耕翻耙平。切忌地面积水越冬。

每次灌水量以渗透浸润40厘米土层为宜。为防止花椒树根部积水，常在树干基部周围培直径40～50厘米、高30厘米的土堆。这样既可通过灌水使花椒树得到生长发育所需的足够水分，又不致因根部积水而引起死亡。

（7）雨季排水　年降雨量集中的6～8月，需连通排洪沟和排水渠，注意排除椒园内蓄积的过多雨水。

2. 椒园土壤施肥

（1）施肥适期　施肥是提高土壤肥力、满足椒树生长发育对营养的需要、获得高产和稳产的重要举措。花椒施肥应本着"以有机肥为主、化学肥料为辅"的原则进行。根据不同种类肥料性质和花椒生长发育规律，花椒关键施肥时期包括：秋施基肥、萌芽前追肥、花后追肥、果熟前追肥。

①秋施基肥：在摘椒后至土壤封冻前进行。以腐熟的农家肥为主，配以少量磷肥施入。施肥量根据土壤肥力状况、树木大小等决定。瘠薄的地块，施肥量应加大；小树施肥量宜小，大树施肥量宜大。一般4～6年生初果树，株施农家肥5～10千克、过磷酸钙0.2～0.3千克；7年生以上盛果树，株施农家肥20～40千克、过磷酸钙0.5～2.0千克。

②萌芽前追肥：在春季树液开始流动至萌芽前进行，是对树体

营养的补充，对新梢生长、叶片形成、果穗增大和坐果率的提高具有重要作用。一般株施尿素 0.3～0.5 千克、磷酸二铵 0.5～1.0 千克，或株施尿素 0.6 千克、过磷酸钙 1.5 千克。

③花后追肥：在开花后，株施尿素或硝酸铵 0.5～1.0 千克。

④果熟前增肥：在椒果成熟前 1 个月时，株施尿素 0.2 千克、过磷酸钙和氯化钾各 0.5 千克。

（2）施肥方法　椒园土壤施肥方法有环状沟施肥、放射沟施肥、条状沟施肥、穴状施肥等。

①环状沟施肥：在地面上树冠垂直投影的外缘，向下挖深40～60 厘米（施基肥）或 30～40 厘米（施追肥）、宽 30～50 厘米的环状沟，在沟内施入肥料（图 4-6）。

图 4-6　环状沟施肥

②放射沟施肥：在离花椒树主干1米以外的四周，挖4～6条深30～50厘米的放射沟，沟长要超过树冠外缘，呈里浅外深、内窄外宽，沟内按量施入肥料。沟的位置每年变换（图4-7）。

开沟

施肥

图4-7　放射沟施肥

③条状沟施肥：在花椒树树冠外缘下，顺行间或株间开直条沟，施入肥料。沟深40～60厘米（施基肥）或30～40厘米（施追肥），沟宽30～50厘米。

④穴状施肥：在树冠下距主干1米以外的各个方向，挖4～8个直径30厘米、深40厘米的洞穴，将单株所施的肥料分成4～8等份，施入洞穴内，然后覆土。第二年应变换位置。

⑤全园施肥：将肥料均匀撒入全园地面，然后翻耕至20厘米

以下的土层内。

⑥种压绿肥：常用的绿肥有草木樨、紫花苜蓿、毛叶苕子、聚合草、三叶草等。椒园种植绿肥，一般从春季到秋季，当地温升到15～20℃、土壤水分条件较好时均可进行播种。播种的当年不要刈割，促使根扎深、生长健壮。在绿肥鲜草量最高时期，于现蕾期至盛花期进行及时刈割或翻压（图4-8）。

图4-8　套种绿肥

3. 花椒的整形修剪

（1）整形修剪的作用

①促进生长，扩大树冠：花椒为小乔木，且多栽培在山地和丘陵地上，水肥条件一般都较差，导致树体不高、分枝能力弱、枝条较短，通过修剪可刺激和促进剪口芽的萌发与生长，扩大树冠，增强树势。

②构建树体骨架，奠定丰产基础：在修剪中，通过对主、侧枝的选留和调整，可科学合理地构建树体骨架，为实现早结果、早丰产奠定基础。

③调节营养生长与结果的平衡，实现高产和稳产：在花椒的生命周期中，生长和结果的关系经常处在不断的变化之中，这两者既同时存在，又相互制约，在一定的条件之下，还可以互相转化。若营养

生长过旺，则会导致结果减少，但如果结果过多，又会影响树体营养正常的生长发育，导致来年结果减少，甚至出现"大小年"现象。通过修剪，可调节营养生长和结果之间的平衡，实现高产和稳产。

④改善树冠光照，防止结果部位外移：花椒为喜光树种，栽植后若不进行整形修剪，让其放任生长，会因冠内枝条密闭、光照不足，导致内膛花芽分化减少，结果能力减退，产生结果部位外移，造成低产，降低树体的经济寿命。通过修剪，可使树体内膛枝条分布合理，光照得到改善，挂果量增加，从而减缓结果部位外移，延长经济寿命，提高经济效益。因此，花椒要想丰产稳产，就必须进行修剪。

（2）整形修剪的时期与方法

①树形的选择：栽培花椒为小乔木，整形修剪一般选择小冠型树形。目前，生产上常用的树形主要有丛状形和自然开心形。

A. 丛状形：无中心主干，从树基部向不同方向伸出 3 个分布均匀的一级主枝，每个一级主枝长 50 厘米左右，前端着生 2 个长势相近的二级主枝，在二级主枝上着生 1～2 个侧枝，各主枝、侧枝上配备交错排列的大、中、小型枝组，构成本树形。该树形通风透光良好，主枝尖削度大，骨干枝牢固，负载量大，寿命长，适合在立地条件较好的地方使用。

B. 自然开心形：有明显主干。主干高 30～40 厘米，主干上均衡着生 3 个主枝，主枝水平夹角约 120°，分枝角 45°～50°。每个主枝上着生 2～3 个侧枝，侧枝和主枝上着生结果枝和结果枝组。侧枝和枝组均着生在主枝的两侧，呈斜生状态，构成主枝向四周伸展的开心树形。该树形干矮、中空、枝少、通风透光好、成形快、结果早，适合在丘陵山区及水肥条件差的地方使用（图4-9）。

②整形修剪的适期：花椒的整形修剪在休眠期和生长期均可进行，分为休眠期修剪和生长期修剪。休眠期修剪也叫冬剪，指从花椒树落叶到翌年萌芽前进行的修剪。在冬季较寒冷的地区，为了防止枝条的剪口部位被"抽干"，常在 1 月中下旬至 2 月实施冬剪；生长期修剪也叫夏剪，是指在花椒生长期进行的修剪。

从状形

自然开心形

图 4-9　树形选择

③整形修剪的方法：

A. 短截：就是将一年生枝条的一部分剪去。主要作用是刺激剪口下的侧芽萌发生长，促进分枝，提高成枝能力。一般剪口下的芽越壮，发生的新枝越旺。根据剪留枝条长度不同可将短截分为轻短截、中短截、重短截和极重短截。轻短截是指剪去枝条的少部分，截后易形成较多的中、短枝，使母枝粗生长加快，使枝条长势缓和；中短截是指在枝条春梢的中上部饱满芽处短截，截后易形成较多的中、长枝，成枝力高，单枝生长势强；重短截是指在枝条的中下部分进行短截，截后在剪口下易抽生 1～2 个旺枝。抽生出的枝条生长势较强；极重短截指在枝条基部弱芽处进行短截，截后可促发 1～3 个长势较弱的中短枝。

B. 疏剪：也称疏除，就是将枝条从基部疏掉。主要是疏除过密枝、交叉枝、重叠枝、纤弱枝、干枯枝和病虫枝等。疏剪要彻底，不留桩，以免重新萌条。

C. 缩剪：就是将多年生枝短截到分枝处。缩剪可改变延长枝的方向，刺激局部抽发长旺枝。多用于老树复壮等。

D. 缓放：又叫甩放，就是对 1 年生枝条不进行修剪。缓放可以缓和枝条长势，促发中、短枝，促进成花。

E. 摘心：指摘除新梢顶端一部分。根据摘心的轻重，分为轻摘心和重摘心。

Ⅰ. 轻摘心：摘去枝条顶端嫩梢 5 厘米左右。轻摘心主要用于结果旺树，目的是抑制旺盛的营养生长，促进花芽形成。摘心后的枝条会萌发出许多小枝，要进行多次轻摘心，方可达到目的。

Ⅱ. 重摘心：摘除至枝条的成熟部位，一般摘除 5～7 个叶片的枝条长度。重摘心主要用于幼树整形。当选用的主枝长到所需长度之后，为了促发侧枝，则可进行重摘心。重摘心应注意侧枝选留的方向，使摘口下第二个芽的方位同所需培养的侧枝方向一致，如果第三芽方向与所需培养的侧枝方向接近，可将第三芽剥除。

F. 拿枝：用双手将枝条自基部到中部握一握，使其改变方向。拿枝主要用于开张枝条角度，缓和枝条的生长势，促进其花芽形成。拿枝较撑、拉等方法简单易行，效果也好，且不伤皮。拿枝主要适用于较细的枝条，如果枝条粗，达不到应处理的角度，可与坠枝方法结合进行。

G. 开角：采用撑、拉、压、坠等方法，使枝条向外或变向生长。用于控制枝条长势、增大开张角度、改善内膛光照、促使成花结果。

Ⅰ. 撑：是在主干、主枝之间或主枝与主枝之间支撑一树枝、木棍或土块、砖块等，以开张枝角。

Ⅱ．拉：是在地面打木桩，在木桩上或其他物体上系上绳子、铁丝，另一头系住枝条，将枝条拉到一定方向。

Ⅲ．坠：是在枝上系绳，在绳上垂一重物，通过重力使枝条改变方向。

Ⅳ．压：在枝上绑上重物，通过重力使枝角开张。

④花椒整形修剪中的关键技术：以"春抹芽、夏摘心、秋拉枝、冬剪枝"的综合配套整形措施，构建花椒树形和结果枝组。

A．春抹芽：春季4～5月提早抹除过密、并生、背上萌芽，以减少不必要的营养消耗。

B．夏摘心：夏季6月，当主、侧枝的延长枝长到30厘米左右时，摘除其梢部2～3厘米，以抑制过旺的营养生长，尽快培养结果枝。

C．秋拉枝：秋季9～10月拉开主、侧枝，开张枝角、改善光照、促进花芽分化充实。

D．冬剪枝：冬季休眠期的2～3月，短截主、侧枝的延长枝，去除病虫枝和徒长枝，培养结果枝。其中对结果枝的培养采用"截、放、养、缩"四步法。

截——对前一年生弱枝进行短截，剪去枝条的1/3，以促发长枝。

放——对一年生长枝缓放不剪，以缓和树势、增粗枝条、萌生短枝和中枝。

养——对多年生枝条进行养护，培养串花状果枝、结果枝组。

缩——对结果部位严重外移或需要更新的骨干枝、结果枝组进行缩剪，以调整结果部位和复壮树势。

(3) 不同树龄和放任树的修剪

①幼龄树的整形修剪：

A．丛状形的整形修剪：一般3年即可完成整形。

Ⅰ．栽植后第一年：花椒栽植后立刻从20～30厘米处定干。定干后，第一年萌发数芽，长出多个枝条，选择3个着生位置理想、分布均匀、生长强壮的枝条作为一级主枝培养，使其分枝角度保持45°～50°，当长度达到50厘米时进行摘心，促发分枝；对其余枝条在不影响一级主枝生长的前提下，保留和控制其生长，以作为辅养枝。

Ⅱ. 栽植后第二年：萌芽前，在每个一级主枝距树干 50 厘米左右处选两个相邻且长势相近的枝条，作为二级主枝培养，剪去二级主枝前部的一级主枝枝梢。每个二级主枝剪留 40～50 厘米，剪口留外芽。萌芽后，将二级主枝剪口下芽萌发的新梢作为延长枝培养，长度达 40 厘米时进行摘心，促发分枝，并选择培养侧枝。第一侧枝选在二级主枝距一级主枝 35 厘米左右处，各个二级主枝上的第一侧枝选择培养于同一侧；对各一级主枝和二级主枝上的其他枝条，可选作枝组培养，或留作辅养枝，或去除。

Ⅲ. 栽植后第三年：对主枝顶端生长点及长旺枝，5 月后均进行多次轻摘心，夯实内膛枝组，初冬或翌年春季休眠期修剪时，对过密枝及多年长放且影响主、侧枝生长发育的无效枝进行疏除或适当回缩。

B. 自然开心形的整形修剪：一般 4 年左右完成整形。

Ⅰ. 栽植后第一年：栽植后随即定干，定干高度 30～50 厘米。在当年萌发的枝条中，选择 3 个分布均匀、生长强壮的枝条作主枝，其他枝条采取拉、垂、拿的办法，使其水平或下垂生长。夏季，主枝长到 50～60 厘米时摘心，促发二次枝，培养一级侧枝，同级侧枝选在同一方向（主枝的同一侧）。

Ⅱ. 栽植后第二年：早春休眠期，将主、侧枝在饱满芽处进行短截。短截后，当主枝延长头长到 40～50 厘米时摘心，培养二级侧枝，其方向与一级侧枝相反。

Ⅲ. 栽植后第三年：早春休眠期，将主、侧枝在饱满芽处进行短截。短截后，当主枝延长头长到 60～70 厘米时摘心，培养三级侧枝，其方向与二级侧枝相反，与一级侧枝相同。侧枝上视其空间大小培养中小型枝组。

Ⅳ. 栽植后第四年：早春休眠期，疏除少量过密枝。视树冠空间大小，短截部分延长枝。5 月后对主枝顶端生长点及长旺枝进行多次摘心，夯实内膛枝组。初冬或翌年春季休眠期修剪时，对过密枝及多年长放且影响主枝、侧枝生长发育的无效枝进行疏除或适当回缩（图 4-10）。

第一年定干   第二年短截主、侧枝

第三年短截

第四年成型

图 4-10　自然开心形的修剪过程

②初果树的修剪：第三或第四年开始至第六年为结果初期。在这段时间，既要使椒树适量结果，又要注意修剪，在继续培养骨干枝的同时培养结果枝组。

A. 骨干枝的培养：各骨干枝的延长枝剪留 30～40 厘米，粗壮的可适当长一点。延长枝的开张角度保持 45°左右。树龄 6 年生左右时，若树内膛有空隙，可在主枝上选向内生长的侧枝来填补内膛。对长势强的主枝，可适当疏除部分强枝。对弱主枝，可少疏枝、多短截，增加枝条总量，增强长势。在一个主枝上，要维持前部和后部生长势的均衡，根据情况采取疏枝、缓放、短截等措施进行控制。

B. 辅养枝的培养：未被选为侧枝的大枝，可做辅养枝培养。既可增加枝叶量、积累养分，又可增加产量。只要不影响骨干枝的生长，应该轻剪缓放，尽量增加结果量。对影响骨干枝生长的，视其影响的程度，或去强留弱、适当疏除，或轻度回缩。

C. 结果枝组的培养：结果枝组是骨干枝和大辅养枝上年结果的多年生枝群，是结果的基本单位。花椒连续结果能力强，容易形成鸡爪状小结果枝组，这种结果枝组虽然培养快，但寿命较短，也容易更新。所以必须注意培养较多的大、中型结果枝组。特别是在骨干枝的中、后部，初果期就要注意培养大、中型结果枝组，进入盛果期以后再培养大、中型结果枝组就比较困难了。培养大型结果枝组，可于第一年、第二年连续两年短截，培养延长枝，第三年再适当回缩。培养小结果枝，可于第一年短截，第二年缓放。各类结果枝组在主枝上应交错分布。

③盛果树的修剪：花椒栽培 5～7 年后进入盛果期。盛果期花椒树修剪的目的主要是调节营养生长与生殖生长的平衡，维持树体健壮，延长结果年限。修剪方法如下：

A. 骨干枝修剪：及时回缩因连年结果而枝头开始下垂的骨干枝，缩至斜向上生长的强壮枝处，以抬高枝角、复壮树势；中短截有延伸空间的侧枝的延长枝，促其延长生长。无延伸空间的侧枝，将延长枝用结果枝当头，中止其延长生长。

B. 辅养枝修剪：对当年抽生的营养枝，剪去尖端半木质化部分（1/3），保留中、下部充实芽，以促发侧枝；对隐芽萌发的徒长枝，有空间的进行短截，培养成新枝组，无空间的则一律疏除。

C. 结果枝修剪：及时疏除小型结果枝组上细弱分枝，保留强壮枝，并短截部分结果枝。对中型枝组要及时短截更新后部衰弱枝。对部分过度衰弱的中型枝组，回缩至强壮枝处，以稳定其长势、维持结果能力。对大型枝组，不断将其前部较旺的营养枝引向两侧，对后部衰弱的枝组适当回缩，抬高枝位。

④衰老期的修剪：花椒树约生长 15～20 年后，树皮变厚，树势减弱，开始衰老。此期修剪的重点是改善光照条件，恢复树势。修剪方法是：疏除一部分重叠、交叉和衰弱的大枝，保留 4～5 个方向和角度适宜的健壮大枝；剪去骨干枝前端衰弱部分，回缩到强壮枝处；对大树干上隐芽萌发的徒长枝，如方向合理，可留下作为更新枝条。对内膛的徒长枝进行回缩，培养成结果枝组。经过修剪后，新生枝第二年可挂果，3 年后可恢复原有的树冠，挂果量也可成倍地增加。

⑤放任树的修剪：放任的成龄花椒结果树，普遍表现为主枝过多、层次不清、通风透光不良、结果部位外移。

A. 调整骨干枝，通风透光：逐步疏除个别过密大枝、过密细弱枝、病虫枝、徒长枝、交叉枝。对所留大枝，采用别、拉、垂等法，使其合理占据空间，均匀分布。调整过程中，应遵循"循序渐进"的原则，不能大拉大砍、强求树形，以免影响产量和寿命，导致早衰。

B. 回缩衰弱枝，复壮树势：对衰弱的主、侧枝进行回缩，促发强旺枝，以代替主枝头，抬高枝角，恢复树势。

C. 更新结果枝，延长经济年限：对一、二级骨干枝上的中小型结果枝组，按"去弱留强"的原则进行交替更新，并适当回缩结果枝组，保持枝组紧凑充实。

D. 引枝补空，圆满树冠：对中下部光秃且没有形成良好枝组的大枝，采取重压法，使其光秃部位萌发新枝，形成良好枝组。

（三）花椒病虫害无公害防治技术

1. 病虫防治的原则 坚持"以防为主、防治结合，以物理和生物防治为主、化学防治为辅"的原则，在坚持每年秋末清园、树干涂白的同时，加强对主要病虫害的预测、预报，在病虫发生前和发生期综合采用悬挂黄版，缠粘虫带，喷石硫合剂及低毒、无公害农药进行防治。

2. 病虫害防治的关键配套技术措施

①秋末清园：晚秋时及时剪除椒园病枯枝，清除园内的枯枝落叶及杂草，并集中烧毁或深埋，以消灭越冬病原菌和虫卵（图 4-11）。

图 4-11 清园

②树干涂白：每年 11 月中下旬花椒落叶后，配制涂白剂进行树干涂白，以杀死树皮内隐藏的越冬虫卵和病菌（图 4-12）。

图 4-12　树干涂白

③物理与化学防治：

A. 黄板诱杀：4 月下旬至 5 月上旬，在花椒园中沿树行每隔 5 米左右挂 1 黄色粘虫板，以吸引和粘杀花椒有翅蚜、凤蝶成虫等（图 4-13）。

B. 粘虫带粘杀：早春 3 月中下旬，在树干的基部缠裹粘虫带，可粘杀越冬出土后的害虫（图 4-14）。

C. 喷石硫合剂：早春萌芽前，全树喷 5 波美度的石硫合剂，以杀灭越冬虫卵及病原菌。

图 4-13　黄板诱杀

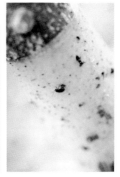

图 4-14　粘虫带

D. 使用低毒、无公害农药：针对花椒园中常出现的锈病、炭疽病、煤污病、蚜虫、红蜘蛛、花椒凤蝶等主要病虫危害，使用甲基硫菌灵、己唑醇、波尔多液、乐斯本、螺螨酯等进行防治。

3. 花椒主要病虫害的无公害防治

(1) 花椒叶锈病

① 危害症状和发生规律：花椒叶锈病又称花椒圆斑锈病，俗称黄疸病，是一种弱寄生真菌病害。花椒叶锈病主要危害花椒叶片，一般6月开始发病，7～8月是发病危害最重的时期。发病初期，叶片上出现3～5毫米左右的圆形失绿斑，失绿斑上生褐色至黑色小点（性孢子器），病斑背面生橘黄色至白色的杯状锈子器。病斑逐渐坏死变为黑褐色。一般秋季气温高、雨水多、空气湿度大时适宜病菌繁殖，锈病菌丝体向叶片内外大量增生，使叶片的功能丧失，患病叶片脱落，对花椒树造成严重危害（图4-15）。

② 防治方法：

A. 花椒落叶之后，将病枝、落叶进行清扫，集中烧毁，彻底清除和消灭越冬病原菌；加强水肥管理以增强树势，提高椒树的抗病能力；利用无性繁殖或嫁接等培育抗病品种。

B. 掌握当地花椒锈病的发病时间，在发病前5天喷1次1：1：100倍的波尔多液进行预防。历年发病严重的椒园隔5天再喷1次，以预防锈病发生。

C. 发病初期，喷200倍石灰过量式波尔多液或0.3～0.4波美度的石硫合剂，发病盛期喷400倍65％的可湿性代森锌粉剂；发病盛期喷1：2：200倍波尔多液或0.1～0.2波美度石硫合剂，或65％的代森锌500倍液2～3次。

D. 6月初至7月下旬，用15％三唑酮可湿性粉剂500倍液，或25％丙环唑乳油1 000倍液，或20％萎锈灵300倍液均匀喷雾；果实采收后，或翌年椒芽萌发前喷洒1次1：2：600倍的波尔多液（硫酸铜0.5千克，石灰1千克，水300千克），可杀死树体上寄生的病菌，预防病菌的侵染和蔓延。

图 4-15　花椒叶锈病

（2）花椒炭疽病

①危害症状及发生规律：花椒炭疽病为害果实、叶片及嫩梢，造成落果、落叶、枯梢等现象。陕南发病较重，一般发病株率在20%～50%。果实被害率在8%～35%。发病初期，果实表面有数个褐色小点，呈不规则状分布。后期病斑变成深褐色或黑色、圆形

或近圆形，中央下陷。病斑上有很多褐色至黑色小点，呈轮纹状排列。如果天气干燥，病斑中央灰色；阴雨高温天气，病斑上小黑点呈粉红色小突起，即病原菌分生孢子堆。

该病菌在病果、病枯梢及病叶中越冬，成为次年初次侵染来源。病菌的分生孢子能借风、雨、昆虫等进行传播。一年中能多次侵染为害。每年6月下旬至7月上旬开始发病，8月为发病盛期。花椒园密度大，通风不良，椒树生长衰弱，高温高湿等条件下，有利于病害的大发生（图4-16）。

图4-16　花椒炭疽病果实危害状

②防治方法：

A.加强椒园管理，及时松土除草，促进椒树旺盛生长，并注意椒园通风透光。

B.6月上中旬树体喷布1：1：200的波尔多液进行预防，6月下旬再喷 1 次 50％的退菌特粉剂 800～1 000 倍液或喷嘧啶核苷类抗菌素（农抗 120）2％水剂 200 倍液。8 月喷 1∶1∶100 倍的波尔多液或 50％退菌特粉剂 600～700 倍液。

（3）花椒根腐病

①危害症状和发生规律：花椒根腐病是由茄腐皮镰孢菌（茄形镰刀菌）引起的根部病害，由病原体从植物根部的创伤口入侵而引发，危害花椒幼苗及大树。幼苗染病后，叶片失绿，叶脉变红，直到叶片脱落，地下部的根变为黄褐色，呈水渍、水肿状，根皮易脱落，并有臭味，幼苗生长停止，呈老弱苗或死亡；成年植株染病后，根部变黑、腐烂，有异臭味，根皮与木质部易脱离，严重时木质部呈黑色，主根、侧根、须根均有腐烂，根皮上会形成一层白色絮状物（菌落），地上部叶变小、叶黄，枝条发育不全，发病严重时全株枯死。花椒根腐病是一种土传病害，其发生、发展受土壤环境因素的影响，与平均地温和土壤含水量成正比。病害一般 4～5 月开始发生，6～8 月进入病害高发期，10 月下旬基本停止（图 4-17）。

图 4-17　花椒苗木根腐病

②防治方法：

A. 物理防治：苗圃播种之前，深翻土地和施用饼肥，促进土壤内抗生菌的繁殖，抑制病菌，促使苗木生长健壮，以增强抗病力；雨后及时松土、遮阴，或在行间覆草。高温、干旱时及时灌水降温。灌水时应避免大水漫灌，同时暴雨后应及时排水，都能减轻病害发生；发现少数有病苗木，应及时挖出烧毁。挖出的苗木坑穴撒生石灰消毒，或换入无病新土。育苗地内切勿施用未腐熟的肥料，以免因发酵增高土温而伤及地下嫩茎。雨后应及时排水，及时挖除死株、病株，集中烧毁。

B. 化学防治：对于花椒苗繁育，应在播种前每亩用2％～3％硫酸亚铁水溶液250千克，喷洒苗圃土壤，喷后耙翻混土。播种时每亩用50％多菌灵可湿性粉剂5.5千克，或40％猝倒立克可湿性粉剂4.5千克，或50％多菌灵可湿性粉剂6.5千克，对细土2 700～3 000千克混拌均匀，将1/3药土撒于地面后播种，再将2/3药土撒盖在种子上面；发病初期，用75％百菌清可湿性粉剂600倍液，每亩喷淋药液1 500千克；对于成年树，应在每年的4月发病初期用15％三唑酮500～800倍液灌根，每穴灌300～500毫升，5月上旬再灌根1次。冬季挖除病株、死株，集中烧毁。

（4）花椒木腐病

①危害症状和发生规律：花椒木腐病俗称花椒腐朽病、花椒腐木病等。主要危害花椒树干和大枝。病菌寄生于花椒树干或大枝上，致使受害部腐朽脱落，露出木质部；同时病菌向四周健康部位扩展，形成大型长条状溃疡，后期在病部往往产生覆瓦状子实体，严重时造成花椒树枯死。在干燥条件下，病菌菌褶向内卷曲，子实体在干燥过程中收缩，起保护作用。如遇有适宜温、湿度，特别是雨后，子实体表面绒毛迅速吸水恢复生长，在数小时内释放出孢子进行传播蔓延。病菌可从机械伤口（如修剪口、锯口和虫害伤口）入侵，引发此病。树势衰弱、抗病力差的椒树易感病（图4-18）。

②防治方法：

A. 加强椒园管理，发现枯死椒树及早挖除并烧毁。对树势衰弱的花椒树，要合理施肥，恢复树势，增强抗病力；对病树长出的子实体，应立即摘除，并集中深埋或烧毁，在病部涂1％硫酸铜液消毒。

图 4-18　花椒木腐病

B. 保护树体，减少伤口。对锯口、修剪口，要涂 1‰ 硫酸铜 100 倍液消毒，然后再涂波尔多浆保护，以减少病菌侵染。

（5）花椒黑胫病

①危害症状和发生规律：花椒黑胫病又叫花椒流胶病。该病主要发生在根颈部，根颈感病后，初期出现浅褐色水渍状病斑，病斑微凹陷，有黄褐色胶质流出。以后病部缢缩，变为黑褐色，皮层紧贴木质部。根茎基部被病斑环切后，椒叶发黄，病部和病部以上枝干多处产生纵向裂口，裂口长几毫米到七八厘米不等，也有从裂口处流出黄褐色胶汁，干后成胶，导致花椒生长不良，甚至整株死亡。患病花椒所结果实颜色土红，做调料食用无味，致使品质降低，失去经济价值。花椒黑胫病菌存在土壤中，是一种靠土壤和水流传播的病害。病菌从椒树根茎部伤口或皮孔侵入而发病。病菌从 3～11 月都可侵染，染病后病情发展快慢则取决于气温高低，气温在 15～25℃ 范围时，病斑会随气温升高进而扩展。一般每年 5 月中、下旬开始发病，6 月底之前发病比较缓慢，7 月中旬至 8 月上旬为发病高

峰期，8 月中、下旬发病减慢。不同花椒品种感病程度不同，六月椒、大红袍易发病，二红椒、八月椒、七月椒较抗病。椒树发病程度除与栽培品种有关外，还与生态环境及管理水平密切相关，一般水浇地或雨水多的地区及病虫害防治差的花椒树发病都较重（图 4-19）。

图 4-19　花椒黑胫病

②防治方法：

A. 加强椒园管理，增强树体抗性。增施有机肥，改善土壤状况。冬春季树干涂白，防止冻害、日灼，减少机械损伤。防治蛀干性害虫，做好花椒窄吉丁虫、柳干木蠹蛾、天牛类等蛀干性害虫的防治工作。及时剪除病枝并烧毁。

B. 刮除病斑，然后用 80 倍腐必清涂抹伤口。或刮除病斑后，用 5 波美度石硫合剂涂抹，再用蜡涂伤口。

C. 涂维生素 B_6 软膏。涂时，先把树体上的胶状物刮除，再涂维生素 B_6 软膏，效果可达 91.6%。

D. 涂熟猪油。猪油含有脂肪酸，涂在伤口上有滋润树皮，抑制伤流（流胶）的功能。

（6）花椒枯梢病

①危害症状和发生规律：花椒枯梢病主要为害当年生小枝嫩梢，造成部分枝梢枯死，发病株率3%～40%。发病初期病斑不明显，但嫩梢有失水萎蔫症状；后期嫩梢枯死、直立，小枝上产生灰褐色、长条形病斑。病斑上生有许多黑色小点，略突出表皮，即为分生孢子器。花椒枯梢病以菌丝体和分生孢子器在病组织中越冬。翌年春季病斑上的分生孢子器产生分生孢子，借风、雨传播。在陕西6月下旬开始发病，7～8月为发病盛期。在一年中，病原菌可多次侵染为害（图4-20）。

图4-20　花椒枯梢病

②防治方法：

A. 加强椒园管理，增强树势，是防治此病的重要途径。在管理中，发现病枯梢应随时剪除烧毁。

B. 发病初期和盛期，喷70%硫菌灵100倍液，或65%代森锌400倍液，或50%代森铵800倍液进行防治。

　　(7) 花椒黄叶病

　　①危害症状和发生规律：花椒黄叶病又名花椒黄化病、缺铁失绿病，属生理病害。主要是土壤缺少可吸收性铁离子而造成。由于可吸收性铁元素供给不足，叶绿素形成受到破坏，呼吸酶的活力受到抑制，致使枝叶发育不良，造成黄叶形成。以盐碱土和石灰质过高的地区发生比较普遍，尤以幼苗和幼树受害严重。发病多从花椒新梢上部嫩叶开始。初期叶肉变黄而叶脉仍保持绿色，使叶片呈网纹失绿。发病严重时全叶变为黄白色，病叶边缘变褐而焦枯，病枝细弱，节间缩短，芽不饱满，枝条发软而易弯曲，花芽难以形成，对产量影响较大。一般花椒抽梢季节发病最重，多在 4 月出现症状，严重地区 6～7 月即大量落叶，8～9 月间枝条中间叶片落光，顶端仅留几片小黄叶。干旱年份或生长旺盛季节发病略有减轻（图 4-21）。

图 4-21　2 年生幼树花椒黄叶病

②防治方法：

A. 物理防治：选择抗病品种，或选用抗病砧木进行嫁接；压绿肥和增施有机物，以改良土壤理化性状和通气状况，增强根系微生物活力；加强盐碱地改良，科学灌水，洗碱压碱，减少土壤含盐量；旱季应及时灌水，灌水后及时中耕，以减少水分蒸发；地下水位高的椒园应注意排水。

B. 药剂防治：结合施用有机肥料，增施硫酸亚铁，每株施硫酸亚铁1~1.5千克；或花椒发芽前喷施0.3%的硫酸亚铁；或生长季节喷洒0.1%~0.2%的硫酸亚铁。

(8) 花椒煤污病

①危害症状和发生规律：花椒煤污病又称黑霉病、煤烟病等。本病除危害花椒叶片外，还危害嫩梢及果实。煤污病最初在叶片表面生薄薄一层暗色霉斑，有的稍带灰色，或稍带暗色，以后随着霉斑的扩大、增多，使得整个叶面呈现黑色霉层（菌丝和各种孢子），似烟熏状。末期在霉层上散生黑色小粒点。由于叶片被黑色霉层所覆盖，妨碍光合作用而影响花椒生长发育，造成减产。本病多与蚜虫、介壳虫和斑衣蜡蝉的活动伴随发生。一般在蚜虫、介壳虫和斑衣蜡蝉发生严重时，该病发生危害也相应严重。多风、空气潮湿、树冠枝叶茂密、通风不良有利于该病害的发生（图4-22）。

图 4-22　花椒煤污病

②防治方法：

A. 物理防治：注意整形修剪，树冠通风透光，降低湿度，以减轻煤污病的发生；蚜虫、介壳虫发生严重时，及时剪除被害枝条，集中烧毁。

B. 药剂防治：早春椒树发芽前，喷 5 波美度石硫合剂，或45%晶体石硫合剂 100 倍液，或 97%机油乳剂 30～50 倍液；生长期，蚜虫、介壳虫同时发生时，于介壳虫雌虫膨大前，喷洒 1%洗衣粉混合 1%煤油。

(9) 花椒花叶病

① 危害症状和发生规律：花椒花叶病俗称黄斑病，由花椒花叶病毒引起，主要通过苗木、接穗和带毒蚜虫、介壳虫等传播蔓延，危害叶片。花椒感染花叶病后，各部分组织中都会带有病毒，只要寄主组织不死，病毒会一直生存着。病势发展与环境条件有一定关系，因此症状时轻时重，甚至在一株树上，不同部位或不同生长阶段的叶片，症状轻重也不尽相同，而且往往症状有年隐年现的表现。花椒花叶病毒危害症状因病势轻重不同而表现出较大差异。病轻时仅局部叶片发生零星鲜黄色病斑，病斑大小不等，无一定形

状，边缘与健全部界限清晰。病重时病斑布满整个叶面，致使叶片形成黄、绿相间的花叶（图4-23）。

植株

叶片

图4-23　花椒花叶病

②防治方法：

A. 物理防治：及时拔除苗圃中的花椒病苗，集中烧毁，以防扩大传染；花椒嫁接时，应选用无病枝条作接穗，或用无病、抗病砧木，以杜绝花叶病的发生；及时刨除被害严重的大树，妥善处理，重栽健壮苗木。

B. 药剂防治：及时防治传毒蚜虫、木虱和粉虱等害虫。花叶病发病初期，及时喷洒20％病毒A可湿性粉剂500倍液，或20％病毒立克乳油700倍液，或3.95％病毒毖克可湿性粉剂500倍液。间隔7～10天喷1次，连喷3～4次。

（10）花椒枝枯病

①危害症状和发生规律：花椒枝枯病俗称枯枝病、枯萎病。主要危害花椒枝干，常发生于大枝基部、小枝分杈处或幼树主干上，引起枝枯，后期干缩。发病初期病斑不甚明显，但随着病情的发

展，病斑呈现灰褐色至黑褐色椭圆形，以后逐渐扩展为长条形。病斑环切枝干一周时，则引起上部枝条枯萎，后期干缩枯死，秋季其上生黑色小突起，顶破表皮而外露。病菌以分生孢子器或菌丝体在病部越冬，翌年春季产生分生孢子，进行初侵染，引起发病。在高湿条件下，尤其遇雨或灌溉后，侵入的病菌释放出孢子进行再侵染。分生孢子借雨水或风及昆虫传播，雨季随雨水沿枝下流，使枝干形成更多病斑，导致干枯。一般椒园管理不善，树势衰弱，或枝条失水收缩，冬季低温冻伤，地势低洼，土壤黏重，排水不良，通风不好，均可诱发本病的发生（图4-24）。

图 4-24　花椒枝枯病

②防治方法：

A. 物理防治：在椒树生长季节，及时灌水，合理施肥，增强树势；合理修剪，减少伤口，清除病枝；秋末冬初，用生石灰 2.5 千克、食盐 1.25 千克、硫磺粉 0.75 千克、水胶 0.1 千克、水 20 千克，配成涂白剂，涂白树枝干，减少发病机会。

B. 药剂防治：深秋或翌春树体萌芽前，喷 5 波美度石硫合剂，或 45％晶体石流合剂 150 倍液进行防治。

（11）花椒膏药病

①危害症状和发生规律：该病在花椒树干和枝条上发病后，形成椭圆形或不规则形厚膜状菌丝层，呈茶褐色至棕褐色；有时呈天鹅绒状，菌膜边缘颜色较淡，中部常常干缩龟裂。整个菌膜似中医所用的膏药，故名花椒膏药病。花椒膏药病的发生与桑拟轮蚧等害虫有密切关系，病菌以介壳虫的分泌物为营养，蚧壳虫也常由菌膜覆盖得到保护。菌丝在枝干表皮发育，部分菌丝可侵入花椒皮层危害，老熟的菌丝层表面生有隔担子及担子孢子。病菌孢子又可随虫体爬行到处传播、蔓延。一般在枝叶茂盛、通风透光不良、土壤黏重、排水不良、空气潮湿的椒园易发生（图 4-25）。

图 4-25　花椒膏药病

②防治方法：

A. 强化管理：避免在过分潮湿的地方建花椒园。冬春季对花椒树枝干进行涂白，加强介壳虫的防治，以减轻病害发生。

B. 刮除菌膜：用刀刮除树上菌膜后，涂抹 2～3 波美度的石硫合剂，或 20％的石灰乳，或 50％代森铵可湿性粉剂 200 倍液，或 45％的晶体石硫合剂 80～100 倍液。

（12）蚜虫

①危害症状和发生规律：以成蚜和若蚜危害，常群集在寄主植物嫩叶背面和嫩茎上刺吸汁液，造成寄主植物叶片向背面卷曲或皱缩成团，影响了树木的生长、正常结实及果实的质量，对幼树为害更大。蚜虫在华北区一年可繁殖 20～30 代，以卵在花椒等寄主上越冬。第二年 3 月孵化后的若蚜叫干母，干母一般在花椒上繁殖 2～3 代后产生有翅胎生蚜，有翅蚜 4～5 月间飞往棉田或其他寄主上产生后代并为害，滞留在花椒上的蚜虫至 6 月上旬后即全部迁飞。8 月已有部分有翅蚜从棉田或其他寄主上迁飞至花椒上第二次取食为害，这一时期恰是花椒新梢的再度生长期。一般 10 月中下旬迁移蚜便产生性母，性母产生雌蚜，雌蚜与迁飞来的雄蚜交配后在枝条皮缝、芽腋、小枝丫处或皮刺基部产卵越冬（图 4-26）。

②防治方法：

A. 在蚜虫越冬孵化期及 5 月间，树体喷布 10％吡虫啉可湿性粉剂 5 000 倍液，或 50％灭蚜净乳剂 4 000 倍液。但挂果椒树，采收前 1 个月内严禁喷药。

B. 用 5％吡虫啉乳剂加水 10 倍于 4 月下旬至 5 月上旬左右涂抹主干，一般在第一主枝以下涂抹 10～20 厘米的药带。

C. 5 月上旬，早晨用捕虫网在麦田捕捉七星瓢虫的成虫、幼虫，放到椒树上，使瓢蚜比达 1∶200。用七星瓢虫捕食蚜虫。

D. 在山上堆起石头堆或在田间安置人工招瓢越冬箱（类似气象站的百叶箱，箱内南面放 4～5 个直径 1～2 厘米，长 35 厘米的圆纸筒），内放天敌瓢虫的尸体，可招引瓢虫群聚，捕食蚜虫。

E. 在椒树上喷洒人工蜜露或蔗糖液亦可引诱十三星瓢虫捕食

图 4-26　蚜　虫

蚜虫。

F. 各生长季节在椒林附近适当栽植一定数量的开花经济植物，为食蚜蝇科等天敌成虫提供花粉、花蜜、蜜露以及转移寄主，引诱天敌捕食蚜虫。

（13）红胫跳甲

①危害症状和发生规律：红胫跳甲又名红胫潜跳甲，俗称土跳蚤、折花虫、霜杀等。以幼虫蛀食花椒花序梗和复叶柄，造成花序和复叶萎蔫、变褐、下垂，继而黑枯。成虫为害叶片，造成缺刻或孔洞。该虫每年发生 1 代，以成虫在树冠下 1～6 厘米深处松土内或花椒翘皮下及树冠下的杂草、枯枝落叶内越冬。翌年于椒树花芽萌动时，成虫陆续出蛰活动，4 月下旬为盛期，5 月中、下旬消失。出土的越冬成虫寿命 30 天左右，以雌者较长。田间一般 4 月下旬初见卵，4 月底至 5 月初为盛期。卵经 6～7 天孵化为幼虫，4 月底至 5 月初幼虫开始危害，5 月上、中旬为危害盛期，5 月下旬至 6 月初为末期。幼虫经半月左右入土化蛹，5 月中旬末至 6 月下旬化

蛹，盛期 6 月上中旬，蛹经 10 天左右羽化为成虫，6 月中下旬新一代成虫出现，7 月上旬达盛期。此代成虫 8 月上、中旬陆续蛰伏（图 4-27）。

幼虫　　　　　　　　　　　　危害状

图 4-27　红胫跳甲

②防治方法：

A. 物理防治：4 月底至 5 月中旬，剪除枯萎的花序及复叶，集中烧毁或深埋以消灭幼虫；6 月上、中旬中耕灭蛹；花椒收获后，清除树冠下枯枝落叶和杂草，并将花椒树翘皮、粗皮用刀刮净，及时烧毁，消灭越冬成虫。

B. 药剂防治：用 20% 杀灭菊酯乳油 3 000 倍液、4.5% 的高效氯氰菊酯 2 500 倍液，或 70% 吡虫啉水分散粒剂 1 000 倍液，于春季 4 月花芽萌芽期越冬成虫出蛰上树活动时喷洒 1 次。当花椒芽长到 1.5 厘米左右时再喷 1 次，可有效地防治成虫和初孵幼虫。

（14）复纹狭天牛

①危害症状和发生规律：以幼虫蛀食衰弱枝、半枯枝或枯枝，是专食性害虫，它能加速虫害枝枯死。树龄越老被害越重。对花椒产量有较大影响。幼虫蛀食衰弱枝、半枯枝或枯枝，是专食性害虫，它能加速虫害枝枯死。树龄越老被害越重，对花椒产量有较大影响。复纹狭天牛一年发生 1 代，以幼虫越冬。4 月活动蛀食衰弱枝，7 月幼虫老熟，8 月化蛹，9 月成虫羽化产卵于皮下，并破卵孵化越冬（图 4-28）。

②防治方法：

图 4-28　复纹狭天牛

A. 4 月间花椒树发芽后及时剪除被害枝条，并集中烧毁，以减少虫源。

B. 9 月在成虫羽化期，向成虫集中活动和补充营养的树冠喷 50％杀螟松乳油 1 000 倍液杀灭成虫。

C. 用铁丝深入虫孔中，钩杀幼虫。

D. 用糖、酒、醋按 1∶0.5∶1.5 配成混合液，诱杀成虫。

E. 用蘸有 50 倍溴氰菊酯的棉球堵塞虫孔，或用敌百虫 80～100 倍液注入虫孔，并用黏泥封堵虫孔，以杀死幼虫。

（15）橘褐天牛

①危害症状和发生规律：以幼虫钻蛀树干、成虫咬食花椒树叶，被害枝干常遭风折或枯死，对产量影响很大。橘褐天牛两年完成 1 代。7 月上旬前孵出的幼虫第二年 8 月上旬至 10 月上旬化蛹，10 月上旬至 11 月上旬羽化为成虫，在蛹室内越冬，第三年 4 月下旬就成虫出洞活动。8 月后孵出的幼虫，到第三年 5～6 月化蛹，8 月以后成虫才外出活动。因此，越冬虫态有成虫、两年生幼虫和当年生幼虫。橘褐天牛成虫羽化出洞后，白天潜伏于树洞内，黄昏开始活动，深夜 11 时后又陆续回归洞中。雌虫多将卵产于树干伤口、

洞口边缘或表皮凹陷处，每处1～2粒，以主干分权处产卵最多；每头雌虫可产卵数十粒至百余粒。7～15天后孵出的小幼虫即蛀入皮下，幼虫体长达10～15毫米时蛀入木质部，并常先横向蛀行，然后转而向上蛀食，并有3～5个气孔向外排粪，老熟幼虫造一长椭圆形蛹室后随即化蛹，约1个月后羽化为成虫（图4-29）。

粪便　　　　　　　虫孔　　　　　　　幼虫

图4-29　橘褐天牛

②防治方法：

A. 用蘸有50倍溴氰菊酯的棉球堵塞虫孔，或用敌百虫80～100倍液注入虫孔，并用黏泥封堵虫孔，以杀死幼虫。或用6～8厘米长的麦秆蘸5％西维因粉剂塞入排粪孔毒杀大龄幼虫。

B. 用生石灰水（1∶4）绕树干基部涂刷0.5米高的石灰带，可防止产卵。

C. 发现产卵刻槽后可用小铁锤击打，砸死卵及小幼虫，也可用钢丝插入蛀孔或从排粪孔钩出幼虫。

D. 6月中、下旬在椒园内捕杀成虫。

E. 8月以后成虫外出活动期，用糖、酒、醋按1∶0.5∶1.5配成混合液，诱杀成虫。

（16）玉带凤蝶

①危害症状和发生规律：玉带凤蝶又名黑凤蝶、白带凤蝶、缟

凤蝶等，主要危害花椒、山椒、柑橘等芸香科植物。以幼虫取食花椒芽、叶，初龄幼虫食叶造成缺刻与孔洞，大龄幼虫常可将叶片吃光，只残留叶柄。该虫在广东、福建每年发生 5~6 代；浙江、江西、四川发生 4~5 代，河南 3~4 代；在甘肃陇南发生 3 代左右。以蛹在枝干及叶背等隐蔽处越冬。3 月底羽化为成虫，第一代幼虫到 5 月底即老熟化蛹，夏季繁殖更快。卵散产于叶上，个别的产于枝干上。幼虫孵化后，先食去卵壳，再食叶片（图 4-30）。

②防治方法：

A. 冬季人工清除挂在枝梢上的越冬蛹，并集中烧毁或深埋。

B. 发生比较轻微时，人工捕杀幼虫和蛹。在清晨露水未干时，人工捕捉，杀灭成虫。

C. 幼虫大量发生时，可喷 50% 敌百虫 1 000 倍液，或 80% 敌敌畏乳剂 1 000 倍液，或 50% 杀螟松乳油 1 200 倍液，或青虫菌（100 亿孢子/克）、苏云金杆菌（100 亿孢子/克）1 000~2 000 倍液毒杀。

雌成虫　　　　　　　雄成虫

幼虫

图 4-30　玉带凤蝶

(17) 凤蝶

①危害症状和发生规律：以幼虫蚕食叶片和芽，食量大，常将苗木和幼树的叶片吃光，对花椒的生长和产量影响很大。凤蝶一年发生2～3代，以蛹越冬。世代重叠，各虫态发生很不整齐。3月底羽化为成虫，第一代幼虫到5月底即老熟化蛹，夏季繁殖更快。卵散产于叶上，个别的产于枝干上。幼虫孵化后，先食去卵壳，再取食嫩叶边缘，长大后嫩叶片常被吃光，老叶片仅留主脉。初龄幼虫昼伏夜出，受惊时伸出臭丫腺，放出恶臭气。幼虫老熟后停食不动，体发亮，脱皮代蛹。蛹斜立于枝干上，一端固定，另一端悬空，并有丝缠绕（图4-31）。

凤蝶幼虫

凤蝶成虫

凤蝶蛹

图4-31　凤　蝶

②防治方法：

A. 冬季人工清除挂在枝梢上的越冬蛹，并集中烧毁或深埋。

B. 发生比较轻微时，人工捕杀幼虫和蛹。

C. 幼虫大量发生时，可喷50%敌百虫1 000倍液，或50%杀螟松乳油1 200倍液，或青虫菌（100亿孢子/克）、苏云金杆菌1 000～2 000倍液毒杀。

（18）山楂红蜘蛛

①危害症状和发生规律：山楂红蜘蛛以成虫、幼虫对花椒进行危害，早春刺吸花椒芽、嫩枝汁液，以后刺吸叶片汁液。严重时导致大量落叶，使树势衰弱。高温干旱年份发生危害较为严重。山楂红蜘蛛1年发生6～9代，以受精雌成虫在枝干树皮裂缝内、粗皮下及靠近树干基部土块缝里越冬。越冬成虫在花椒发芽时开始活动，并为害幼芽。第一代幼虫在花序伸长期开始出现，盛花期危害最盛。雌雄交尾后产卵于叶背主脉两侧，也可孤雌生殖（图4-32）。

山楂红蜘蛛

危害状

图4-32　山楂红蜘蛛

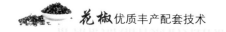

②防治方法：

A. 在芽体膨大期向树体和树干周围土壤喷 5 波美度的石硫合剂，消灭越冬成虫，把越冬成虫消灭在产卵之前。

B. 生长季节虫口密度较大时，向树体喷 15% 哒螨酮乳油 2 000 倍或 15% 哒螨灵（速螨酮、扫螨净）乳油 3 000 倍液。

(19) 根结线虫

①危害症状和发生规律：根结线虫病又名根线虫病、白线虫病。主要危害花椒根，寄生在根皮与中柱中间，刺激根组织过度生长，形成大小不等的结节，如同根瘤。结节多为球形，表面初白色，后变黄褐色至黑褐色。结节多在细根上，严重者产生次生结节及大量的小根，致使根系盘结，形成须根团。老结节多破裂分解，造成腐烂坏死。根系受害后，树冠出现枝梢短弱，叶片变小，生长衰退。严重时，地上部变黄、枯萎，而后死亡。根结线虫主要以卵或雌虫在土中、寄主体内越冬。次年当外界条件适宜时，在卵囊内发育成的卵孵化为 1 龄幼虫藏在卵内，后脱皮破卵壳而出，形成能侵染的 2 龄幼虫。生活于土中的 2 龄幼虫，在遇有嫩根时，侵入根皮与中柱之间危害，刺激根组织在根尖部形成不规则根结，在结节内生长发育的幼虫再经 3 次脱皮发育为成虫。雌、雄虫成熟后交配产卵。该线虫 1 年可发生多代，多次再侵染。在 25～30℃、相对湿度 40%～60% 发育最好，幼虫在 10℃ 以下失去生活能力，60℃ 时死亡。在砂质土中繁殖良好，而在黏土中几乎不发育。在过于干燥或过于潮湿的土壤中会很快失去活力。线虫可通过病苗、水流、肥料、农具、人畜等传播，通过机械伤口、地下害虫危害伤口、生理裂口和皮孔侵入植物根组织中（图 4-33）。

②防治方法：

A. 物理防治：培育无病苗木，严禁用栽培过花椒、柑橘等芸香科植物的地块育苗；如发现零星病株，应仔细挖除（注意不使细根散失），然后集中烧毁。

B. 药剂防治：发病轻的苗木在栽植前，可用 50℃ 温水浸根 10 分钟；病区播种育苗，或栽植新花椒苗木时，用 5% 阿维菌素乳油

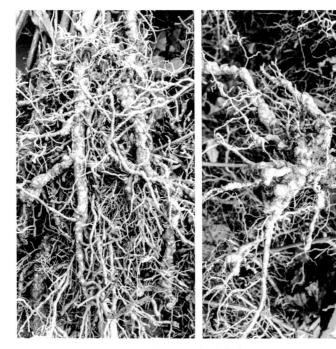

图 4-33　根结线虫

1000 倍液喷淋土壤 2～3 次，耙后播种或栽植花椒；在土温较高时，把花椒树冠下周围 10～15 厘米深表土挖开，用 5% 阿维菌素乳油 1000 倍液均匀灌入，然后覆土压实。但挂果椒树，采收前 1 个月内严禁喷药。

（20）花椒窄吉丁虫

①危害症状和发生规律：花椒窄吉丁虫又名花椒小吉丁虫，是危害花椒的毁灭性害虫，主要以幼虫蛀食枝干韧皮部，以后逐渐蛀食形成层，老熟后向木质部蛀化蛹孔道。成虫取食椒叶补充营养，为害轻微。被害椒树树皮大量流胶直至软化、腐烂、干枯、龟裂，最后脱落。严重时将树干下部 30 厘米左右的树皮和形成层全部蛀成隧道，从而破坏输导组织、中断树体营养、水分供应，导致椒树死亡。成虫有明显的假死、喜热、向光性，飞翔迅速；多于中午前

后出洞，吃嫩叶补充营养，交尾后产卵成块状，多分布于主干 30厘米以下的粗糙表皮、皮裂、皮刺根基、小枝丫基部等处。初孵幼虫常群集于树干表面的凹陷或皮缝中，蛀入皮层后，外部出现小胶点，20 天后形成胶疤，该虫在空间分布上，以树的下部最多，中部次之，上部更少，干径 4 厘米左右的枝干受害最重；在水平分布上，该虫的为害布局呈团块状。花椒窄吉丁虫一年发生 1 代，以幼虫在枝干的木质部或皮下越冬，翌年 4 月上旬开始活动，中下旬达盛期，4 月下旬到 6 月下旬为化蛹盛期，5 月下旬至 7 月上旬为成虫羽化出洞及产卵盛期，6 月下旬到 8 月上旬进入幼虫孵化盛期，幼虫期达 10 个月以上（图 4-34）。

幼虫危害状　　　　　韧皮部内的幼虫及虫道　　　　　成虫

图 4-34　花椒窄吉丁虫

②防治方法：

A. 5 月上旬成虫羽化前，砍伐和剪除被害的濒死木、干枯枝，集中烧毁，减少虫源，或用 20～50 倍的乐斯本和辛硫磷等药剂，加 3％～5％的柴油，自树干基部涂至树干 100 厘米处，再涂一层泥浆进行杀灭。

B. 在 4 月下旬至 5 月上旬的越冬幼虫活动流胶期和 6 月上旬的初孵幼虫钻蛀流胶期，用钉锤、小斧头或石块等锤击流胶部位，砸死幼虫。锤击时，从流胶部位中心开始，向周围进行，锤至好皮边缘为止。

C. 对干枯、龟裂、腐烂或面积较大的胶疤，用刀将流胶部位胶体连同烂皮一同刮掉，刮至好皮处。

D. 5月中旬向树冠喷乐斯本进行喷雾毒杀，一周1次，连喷2～3次杀成虫；6月幼虫孵化盛期，用50～100倍的毒死蜱进行树干喷杀，可杀灭初孵幼虫，每7～10天防治1次，连续防治2～3次。

(21) 红脊长蝽

①危害症状和发生规律：以成虫、若虫刺吸花椒叶片汁液，导致叶片出现黄色小点，并扩大成不规则的黄褐斑，严重时导致枯萎。1年发生2代，以成虫在寄主附近的树洞或枯叶、石块和土块下面的穴洞中结团过冬。次年4月间开始活动，5月上旬交尾。第一代若虫于5月底至6月中旬孵出，7～8月羽化产卵。卵成堆产于土缝里、石块下或根际附近土表，一般每堆30余枚，最多达200～300枚。第二代若虫于8月上旬至9月中旬孵出，9月中旬至11月中旬羽化。成虫怕强光，以上午10时前和下午5时后取食较盛。11月上中旬进入越冬（图4-35）。

图4-35　红脊长蝽

②防治方法：

A. 物理防治：冬季刨树盘、清理椒园枯枝落叶并集中烧毁，消灭部分越冬成虫，注意及时人工摘除卵块。

B. 药剂防治：在成虫春季从越冬场所出来活动时和 7 月上旬若虫出现期，及时喷洒 10% 的吡虫啉可湿性粉剂 3 000 倍液。

（22）斑衣蜡蝉

①危害症状和发生规律：又名椿皮蜡蝉、斑蜡蝉。以成虫、若虫群集在叶背、嫩梢上刺吸危害，栖息时头翘起，有时可见数十头群集在新梢上，排列成一条直线；引起被害植株发生煤污病或嫩梢萎缩、畸形等，严重影响植株的生长和发育。1 年发生 1 代，以卵块于枝干上越冬。翌年 4～5 月陆续孵化。若虫喜群集嫩茎和叶背为害，若虫期约 60 天，蜕皮 4 次羽化为成虫，羽化期为 6 月下旬至 7 月。8 月开始交尾产卵，多产在枝杈处的阴面。以卵越冬，成虫、若虫均有群集性，较活泼，善于跳跃。受惊扰即跳离，成虫则以跳助飞。成虫寿命达 4 个月，至 10 月下旬陆续死亡（图 4-36）。

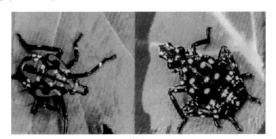

若虫

成虫

图 4-36　斑衣蜡蝉

②防治方法：

A. 物理防治：8 月中下旬摘除卵块，集中烧毁。

B. 药剂防治：若虫或成虫期，喷洒 6％吡虫啉 2 000～3 000 倍液或 50％马拉硫磷 800～1 000 倍液进行防治。由于虫体特别若虫被有蜡粉，所用药液中如能混用含油量 0.3％～0.4％的柴油乳油剂或黏土柴油乳剂，可显著提高防治效果。

（23）菟丝子

①危害症状和发生规律：以丝状的菟丝缠绕在花椒枝茎上，并在接触处形成吸根进入花椒茎枝组织，吸取花椒的养分和水分，导致树体生长衰弱，甚至死亡。菟丝子以成熟种子脱落在土壤中休眠越冬，经越冬后的种子，于次年春末夏初萌发，长出淡黄色细丝状的幼苗。随后不断生长，藤茎上端部分作旋转向四周伸出，当碰到花椒时，便紧贴在花椒树体上缠绕，不久在其与花椒的接触处形成吸盘，并伸入花椒体内吸取水分和养料。此期茎基部逐渐腐烂或干枯，藤茎上部与土壤脱离，靠吸盘从花椒体内获得水分、养料，不断分枝生长，并开花结果，不断繁殖蔓延为害。夏秋季是菟丝子生长的高峰期，于 11 月开花结果。菟丝子的繁殖方法有种子繁殖和藤茎繁殖两种。靠鸟类传播种子，或成熟种子脱落土壤，再经人为耕作进一步扩散；另一种传播方式是借花椒树冠之间的接触由藤茎缠绕蔓延到邻近的花椒上，或人为将藤茎扯断后有意无意抛落在花椒的树冠上（图 4-37）。

②防治方法：

A. 合理间作，轮作倒茬。加强田间管理，清除杂草。

B. 菟丝子种子一般在 3 厘米以下土层中很难发芽。所以受害严重的花椒园，应在冬季进行深翻，使种子深埋于地下而不能萌发。春末夏初，若发现菟丝子，应立即连同寄主的受害部分一起剪除，并彻底清除树上或地上的断茎。或在开花前人工摘除菟丝子，防止蔓延。

C. 种子萌发高峰期，每亩用 48％地乐胺乳油 600～800 倍液加 0.3％～0.5％硫酸铵混合后喷洒地面，以杀死菟丝子幼苗。

图4-37　菟丝子

（24）花椒冻害

①危害症状和发生规律：花椒在休眠期，幼树遭遇－18℃、大树遭遇－25℃的极端低温时，或在早春萌芽、抽梢期遭遇－1.5～－2℃时都会引发冻害。花椒休眠期受冻后，受冻轻者，导致主干0.5米左右以下至根茎部树皮纵裂翘起，愈合后形成大的黑褐色疤痕，树皮易剥离，枝条的韧皮部、形成层变成褐色，组织坏死，1～2年生枝条先端干缩。冻害重者，使主干0.5米左右以下至根茎部树皮形成层变成褐色，组织坏死，造成整株死亡，1～2年生枝条大量枯死，造成多年歉收；早春花椒萌芽期受冻后，会使花芽、新梢的幼叶、花蕾萎蔫，呈青褐色，直至干

枯死亡（图 4-38）。

嫩梢轻度受冻

嫩梢重度受冻

图 4-38　花椒冻害

②防治方法：

A. 堆烟法：将发烟材料（枯枝落叶、杂草、麦秸等）堆放于椒园上风口，每堆约用柴草 25 千克，每亩椒园设 4～5 个烟堆。在霜冻来临时点燃发烟，使烟雾覆盖椒园。

B. 烟雾剂法：将硝酸铵、柴油、锯末，按 3∶1∶6 的重量比混合，分装在牛皮纸袋内，压实、封口，每袋装 1.5 千克，可放烟

10~15分钟，控制2 000~2 670米² 的椒园。烟雾剂也可用20％硝酸铵、15％废柴油、15％煤粉、50％锯末配置而成。使用时将烟雾剂挂在上风口引燃，使烟雾笼罩椒园。

C. 树干涂白：用生石灰15份、食盐2份、豆粉3份、硫磺粉1份、水36份，充分搅拌均匀，配成涂白液。在落叶后进入休眠期，将配好的涂白液涂抹在树干和树枝上，涂抹不上的小枝可以将涂白液喷洒在上面。此方法不但可以防冻，还具有杀虫灭菌、防止野兽啃树皮的作用（图4-39）。

图4-39　烟雾防冻与树干涂白

D. 冬初浇灌：在秋末冬初利用灌溉来提高地温，也可以收到很好的防冻效果。

E. 树干包裹：把玉米、高粱、谷子等高秆作物的秸秆绕树围上一周，然后用草绳、塑料绳或铁丝等捆起来，也可起到防冻作用。幼树最适宜此法防冻。

F. 喷石硫合剂：在花椒树萌芽前，整株喷 3～5 波美度的石硫合剂。每隔 7～10 天喷 1 次，连喷 2～3 次。

G. 在花椒萌动前灌水：灌水有两种作用，一种是对气温起到缓冲作用，使花椒减轻或避免霜害；另一种是降低近地面气温，延迟开花时间，避开霜冻使花椒免受危害。一般情况下，通过灌水可推迟开花 3～5 天。

H. 增施钾肥：进入 8 月以后，应停止追施氮肥，增施有机肥，配施适量硫酸钾、磷酸二氢钾等磷钾肥。9～10 月再叶面喷施 0.5% 的磷酸二氢钾肥液，每隔 7 天喷 1 次，共喷 2～3 次，以提高树体抗寒力。

I. 强化修剪：结合修剪，对徒长枝、直立过旺枝采用拉、别、压、摘心等措施，以控制过旺的树势；秋末冬初，及时剪除细弱枝、病虫枝及老化枝组，短截回缩结果枝，更新结果枝组，以恢复树势。

J. 冻害补救：对受冻的花椒树，在气温稳定回升后，对冻伤严重的干枯枝、干应及时剪除，以抑制水分蒸发。如果修剪伤口较大，锯口应涂蜡液包扎保护或涂抹 50 倍的机油乳剂。待副芽萌芽抽梢时，采用抹芽、摘心、疏除过密新梢等方法进行修剪；应及时追肥，以补充营养、恢复树势。施肥以速效氮肥为主，分 2～3 次追施，由少到多，勤施薄施。同时，应对花椒树体喷施 1% 的硼肥和 0.3%～0.5% 的磷酸二氢钾混合液，以提高树体抗性、恢复树势、促进新梢萌发；对受冻的花椒树，应及时喷布 0.3 波美度石硫合剂，每周 1 次，连续 3 次或喷施 70% 甲基硫菌灵 800～1 000 倍液，以防治灾后病虫害的发生，增强树体康复能力。

五、花椒的采收、干制与包装

（一）花椒的采收

1. **适时采收** 花椒的采收时期因品种而异，即使是同一品种，因立地条件的差异，采收时期也可能不一致。一般以花椒外部形态标志来确定适宜的采收时期。即当花椒外果皮呈现紫红色或淡红色，外果皮缝合线突起，并有少量外果皮开裂，种子呈黑色、光亮，椒果散发浓郁的麻香味时，表明花椒已经成熟，应立刻采收。有些品种如小椒子果实成熟后果皮容易崩裂，种子散失，故应在果实成熟后一周内采收完毕，避免造成损失。有些品种如大红袍，因果实成熟后不开裂，故采收时期可适当拉长。

2. **注意天气和采收顺序** 花椒的采收要选择在晴天进行，避开阴雨天，以免晾晒难和影响色泽风味，导致品质下降。一般从露水干后的上午9：00～10：00时开始采收。采收顺序应先从温暖、向阳、低海拔的椒园，向背阴、偏阳、高海拔的椒园过度。而同一椒园应按"先外后内、先下后上，先采早熟品种、后采晚熟品种"的顺序采摘，做到不漏采。

3. **注意保护结果芽** 摘椒时要防止把果穗连枝叶一起摘下，以免损害结果芽，影响来年产量。一般在大椒穗下第一个叶腋间有一个饱满芽，这个芽是下一年的结果芽，要注意保护，不要摘除。而弱枝果穗下第一个芽发育不充实，第二个或第三个芽发育才健壮，故采摘时，可以抹除第一个芽而保留第二、三芽，起到修剪的作用。

4. **注意保护椒粒** 不要用手捏着椒粒采收，以防手指压破油泡，造成干后椒色变暗，降低品质（图5-1）。

图5-1 花椒采收

（二）花椒的干制

花椒常用的干制方法有以下几种：

1. 自然晾晒法 把采摘下的鲜花椒先摊放在干燥、通风的阴凉处1～2天，使一部分水分蒸发后，再移到阳光下争取1天晒干。晾晒期间用竹棍轻轻翻动4～5次。果皮85%以上开口后，将果皮和种子分开，除去杂质，按品种、级别分开，用麻袋分装，储存于干燥通风的室内。花椒的自然晾晒应注意以下问题：

①晾晒花椒要放在竹席或布单上，切不可摊放在水泥地板或石板上，因石板或水泥地板温度太高，花椒易遭高温烫伤，导致变色、品质下降。

②要注意晾晒时摊放不要太厚，以3～4厘米厚为宜。

③晾晒过程中应注意果实每隔3～4小时用木棍轻轻翻动1次，以免发热发霉。切记不要用手翻动，以免手汗影响色泽。

④鲜花椒采摘后，最好当天晒干。如因时间或天气关系不能当天晒制时，应将采得的鲜花椒在室内地面摊晾存放。室内应保持干净、无杂物，无异味，不能太通风，光线要暗，尽可能保持室内恒

温、地面不返潮。摊晾时要注意轻拿轻放，不能踩伤花椒。摊晾的厚度不超过 20 厘米，可保存 3 天左右。如遇天气晴朗，应及时晾晒，当天晒干。

2. 简易机械烘干法　利用烘干机进行烘干。当烘干机内温度达 30 时放入鲜椒，保持 30～55℃的温度 3～4 小时，待 85％的椒口开裂后，将椒果从烘干机内取出，并用木棍轻轻敲打椒果，使果皮与种子分离后去除种子，将果皮再次放烘干机内烘烤 1～3 小时，温度控制在 55℃。

3. 简易烘房烘干法　建造人工烤房。烤房面积 10 米^2，房顶装吊扇一个，墙壁装换气扇一个，烤房内装带烟囱铁炉 2～3 个，安装铁架或木架，架上摆放宽 40 厘米、长 50 厘米的木板沙盘。当烤房内温度达 30℃时放入鲜椒，保持烤房内温度 30～55℃ 3～4 小时，待 85％的椒口开裂后，将椒果从烤房内取出，并用木棍轻轻敲打椒果，使果皮与种子分离后去除种子，将果皮再次放入烤房内烘烤 1～3 小时，温度控制在 55℃（图 5-2）。

自然晾晒

机械烘烤

图 5-2　花椒干制

（三）花椒的品质要求与分级、包装、运输

1. 花椒的品质要求与分级

（1）感官品质　花椒的感官指标包括色泽、滋味、气味、果形特征等，分级见表5-1。

表 5-1　花椒的感官指标与分级（LYT 1652-2005）

项目	特级		一级		二级		三级	
	红花椒	青椒	红花椒	青椒	红花椒	青椒	红花椒	青椒
色泽	大红或鲜红、均匀、有光泽	黄绿、均匀、有光泽	深红或枣红、均匀、有光泽	青绿、均匀、有光泽	暗红或浅红、较均匀	青褐、较均匀	褐红或灰白、较均匀	棕褐、较均匀
滋味	麻味浓烈、持久、纯正				麻味较浓烈、持久、无异味		麻味尚浓、无异味	
气味	香气浓烈、纯正				香气较浓、纯正		具香气、尚纯正	
果形特征	睁眼、粒大、均匀、油腺密而突出		睁眼、粒较大、均匀、油腺突出		绝大部分睁眼、果粒较大、油腺较突出		大部分睁眼、果粒较完整、油腺较稀而不突出	
霉粒、染色椒和过油椒	无							
黑粒椒	无				偶有但极少			
外来杂质	无		极少				较少	
干湿度	干							

（2）理化品质　花椒的理化品质包括了杂质含量、水分含量、挥发油含量和不挥发性乙醚抽提物等，分级见表5-2。

表 5-2　花椒的理化指标与分级（LYT 1652-2005）

项　　目	特级		一级		二级		三级	
	红花椒	青椒	红花椒	青椒	红花椒	青椒	红花椒	青椒
固有杂物含量（%），≤	4.5		6.5		11.5		17.0	
外来杂物含量（%），≤	0		0.5				1.0	
水分含量（%），≤	10.0							
挥发油含量（毫升/100 克），≥	4.0		3.5		3.0		2.5	
不挥发乙醚提取物含量（%），≥	8.0				7.5		7.0	

（3）花椒的卫生标准　见表 5-3。

表 5-3　花椒的卫生指标（GB/T 30391-2013）

项　　目		指标	检测方法
总砷（毫克/千克）	≤	0.30	GB/T 5009.1
铅（毫克/千克）	≤	1.86	GB 5009.12
镉（毫克/千克）	≤	0.50	GB/T 5009.15
总汞（毫克/千克）	≤	0.03	GB/T 5009.17
马拉硫磷（毫克/千克）	≤	8.00	GB/T 5009.20
大肠菌群（MPN/100 克）	≤	30	GB/T 4789.32
霉菌（CFU/克）	≤	10000	GB/T 4789.16
致病菌（指肠道致病菌及致病性球菌）		不得检出	

2. 花椒的贮藏与包装

（1）花椒的贮藏　将烘干的花椒除去杂质和种子，包装后储存于干燥通风的室内，以免阳光直射。

（2）包装　包装可分为大包装和小包装。

Ⅰ.大包装：用麻袋包装。每袋装干花椒 25～30 千克，扎紧袋口，并标明品种、等级、净重、产地等。也可先将花椒装入薄膜袋或布袋封口，再装麻袋封口，以保持洁净。

Ⅱ.小包装：用食品塑料袋包装，每袋装干椒 0.25～0.5 千克，每 10 千克或 20 千克装 1 箱，并标明品种、数量、净重、产地等。

（3）花椒的运输　注意运输卫生。严禁与有毒、有异味的物品混装，严禁用含残毒有污染的运输工具运载花椒（图 5-3）。

花椒的净选

花椒包装与贮藏

图 5-3　花椒的净选与贮藏

参 考 文 献

杜登武，等.2014.汉源县花椒产业存在的问题与发展对策［J］.现代农业科技（5）：159-160.

费小娟，等.2015.花椒主要病虫害的危害症状及综合防治技术［J］.现代农业科技（18）：137.

何鸣芳，等.2014.凤县大红袍花椒产业发展探讨［J］.农民致富之友（18）：42-43.

蒋金炜，等.2014.农田常见昆虫图鉴［M］.郑州：河南科学技术出版社.

李睿，等.2015.甘肃花椒产业发展现状及潜力分析［J］.中国园艺文摘（3）：206-208.

刘永清，等.2014.花椒病虫害的防治［J］.现代园艺（2）：74.

潘超美.2015.中国民间生草药原色图谱［M］.广州：广东科技出版社.

汤毅，等.2015.花椒锈病发生规律与化学防治研究［J］.西北林学院学报，30（1）：150-153.

王景燕，等.2016.无刺花椒新品种汉源无刺花椒［J］.园艺学报，43（2）：24.

魏安智，等.2012.花椒安全生产技术指南［M］.北京：中国农业出版社.

杨建雷.2016.花椒嫁接技术研究［J］.经济林研究，34（4）：138-143.

张炳炎.2006.花椒病虫害诊断与防治原色图谱［M］.北京：金盾出版社.

赵俊侠，等.2014.陕西渭北旱塬花椒产业发展现状及其对策［J］.陕西林业科技（2）：40-43.

郑明强，等.2014.不同种类有机肥及其施用量对花椒产量、经济效益的影响［J］.安徽农业科学，42（4）：1045-1046.

周旭东.2015.宝鸡花椒产业发展存在问题及对策研究［D］.杨凌：西北农林科技大学.

朱亚艳，等.2016.花椒的研究现状及讨论［J］.贵州林业科技，44（3）：46-50.